半導體IC產品可靠度
統計 物理與工程 第二版

Reliability in Semiconductor IC Products

傅寬裕 著

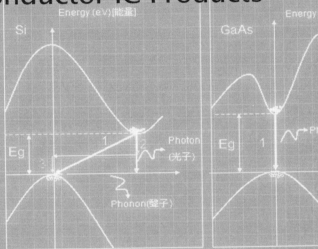

五南圖書出版公司 印行

自　序

　　台灣三十多年來，在電子產業的發展與成就，令人括目相看。尤其在一個工廠行號密集林立的工業園區內，發展出獨特的產業垂直分工模式，成功順利的互相配合運轉，全世界恐怕找不到其它足以相提並論的例子——實值得國人引以為傲。垂直分工的結果，造就許多各別領域的專家，反映在各類專業書籍，包括以電路設計、元件物理、晶圓製程、封裝製程等類題材的出版品上。有志於學習的讀者大都於坊間可不必費力地找到相關書籍。然而，以貫穿整個產業為題材的專業書籍就有如滄海一栗，頓然相形失色。以半導體 IC 產品的可靠度為例，這個從電路設計，到封裝製程的所有專業工作者都不能忽略的題材，據筆者所知，竟然在台灣的出版界，似乎完全付諸闕如。本書的撰寫與出版就是想拋磚引玉，以率先河，填補這個不應有的空缺。

　　本書的編寫就沿著這樣的目的與思考邏輯而展開。全書共分六章；開宗明義的第一章旨在介紹給讀者以半導體、IC 產品製程、及基本可靠度的知識與觀念。第二章中，則從統計與物理兩個面相，致力於對 IC 產品可用的幾個可靠度壽命分佈模型的解說。在第三章，嘗試深入淺出地介紹與 IC 元件有關的幾個基本可靠度問題。緊接著，在第四章，介紹有關後段封裝所可能引起的其它可靠度問題。現今 IC 業界，為了保證產品的可靠度，從晶圓，到封裝的製程，都有一套公認的可靠度認證過程。特將認證過程公認的主要規定闡述於第五章。最後，於第六章，介紹對失效品的故障分析。從分析儀器及技術、常見的故障原因，到如何減低故障發生率的未來方向都有精簡的

敘述。全書於焉告終。

　　本書的編寫盡量以文字作簡要的解說，避免冗長的數學推演。數學式只有在二個情況出現：一、可靠度壽命分佈模型的介紹，與二、可靠度物理模型的介紹。即使在這種情況，數學式的推演也盡量簡短，都以文字解釋其中意義為主要考量。

　　書中的專有名詞，除非有業界習用的英文縮寫，皆用中文譯名。原則上，在第一次出現時，以括號加註英文。書後，附有英漢的對照索引，以方便讀者的查閱。但如逢非中文的外國人名及地名，除了早為大家所熟悉，及具有一定重要性者，依音譯轉為中文外（首次出現時，亦以括號加註原文），餘皆僅以原文出之。

　　本書編寫的主要讀者對象為在半導體 IC 業界從業的工程師，與電子、電機工程及相關科系的研究生。筆者不惴唐突，在此謹向相關科系研究所及業界專業訓練講授相關課程的講師建議：請斟酌考慮採用本書為授課的用書或參考書。事實上，相關理工科系的大學部學生，如有志於將來以半導體 IC 一行為業，以本書作為進階的參考書，當亦有所俾益，實無任歡迎。

　　在此要特別感謝台灣 ISSI 公司，在筆者行將退休之際，容許我以大部分的時間從事於本書的編寫。也要感謝，編寫之中，可靠度工程部經理曲崇銘先生的時時參與討論及提供寶貴意見。更要感謝故障分析部經理郭晉嘉先生提供所有用於本書第六章的故障分析圖片。承蒙五南出版社楊榮川董事長的支持，編校期間，穆文娟主編與蔡曉雯編輯的費神審閱，提供寶貴意見，特在此也一併致謝。

　　書中如有任何謬誤，當然係由筆者完全負責。萬望學界與業界先

進，及關心的讀者，能來信指正，以便若有再版時，可予訂正。是所
至盼。

2009/1/15　傅寬裕　誌於台灣新竹科學園區

第 1 章

緒　論

考慮本書的主題，開宗明義（1.1 節），自然要介紹何為半導體，以及有些什麼半導體的材料可被工業界廣泛地應用。其次，在 1.2 節中，對今日半導體工業，從電路設計，到 IC 產品完成的最後測試，作一簡要的製造流程介紹。在 1.3 節中，從物理及統計兩個面相，解釋 IC 產品的可靠度觀念。

根據這可靠度觀念的解釋，在最後一節（1.4 節）裡，引介工業界經常用到的產品可用的幾個壽命參數。

1.1　半導體

簡單地說，**半導體**（semiconductor），就其電傳導性質而言，是介於**導體**（conductor）與**絕緣體**（insulator）之間的一種物質。但這種說法似乎純粹從字面而望文生義，未免失之過於粗糙含糊。要更精確地解釋半導體是什麼，我們需從近代物理學中以量子觀（quantum concept）為基礎建立起來的**原子模型**（atomic model）說起。

近代物理由丹麥物理學家 Bohr（波爾，1885-1962）率先以環繞**原子核**（nucleus）的**電子**（electrons）只能在分離特定的軌道、能量上存在的**量子化**（quantization）觀念來描繪原子。後來，又經幾位量子學物理先驅大師，如 de Broglie（1892-1987），Schrodinger（1887-1961），Heisenberger（1901-1976）等的開拓、改進、提煉，量子物理的原子模型遂臻於成熟而完善。總結而言，現在的原子模型認為在原子中的電子為環繞原子核的一團具有特定狀態的**電子雲**（electron cloud，由所謂的**波函數** wave function 代表）。所謂特定狀

態，基本上由四個**量子化參數**（quantum parameters，或簡稱**量子數** quantum number）決定。此四個量子化參數為：

1. **主量子數**（principal quantum number）n：$n = 1, 2, 3, \cdots$，一直到無窮大的正整數。主量子數為描述電子雲在對原子核中心徑向方向如何分佈的一量子數。n 愈大，電子雲離原子核中心的分佈愈廣，**節點**（nodes，即電子雲濃度為零之處）愈多（有 $n-1$ 個），具有的能量愈高。

2. **軌道角動量**（orbital angular momentum）l：$l = 0, 1, 2, \cdots, n-1$。此參數代表電子的軌道角動量，只能以上述的量子化數值存在。注意：在量子物理學裡，通常角動量以 $\hbar = h/2\pi$（h 為**普蘭克常數** Planck constant）為單位。

3. **磁量子數**（magnetic quantum number）m：$m = -l, -l + 1, \cdots, 0, \cdots, l - 1, l$。此參數代表電子的軌道角動量在某個特定方向上的分量。換個比較容易了解的說法，l, m 二者合在一起決定電子雲環繞原子核中心在角度上的分佈狀況。

4. **自旋**（spin）s：$s = \pm 1/2$。此參數代表電子的自旋角動量。在量子物理學裡，電子只有半上旋（$+ 1/2$）與半下旋（$-1/2$）兩個自旋狀態。

　　如上所言，這四個量子數決定原子中電子的**狀態**（state，或逕稱 quantum state **量子態**）。因當主量子數為 n 時，軌道角動量值可能為 $0, 1, 2, \cdots, n-1$；而當軌道角動量值為 l 時，磁量子數值可能為 $-l, -l + 1, \cdots, 0, \cdots, l - 1, l$，又自旋可有 $\pm 1/2$ 兩個值，所以主量子數為 n 的量子態一共可有

$$\sum_{l=0}^{n-1} 2 \times (2\,l+1) = 2n^2 \ \text{個。}$$

電子是所謂 Fermion（**費米子**）的基本粒子。凡 Fermion 的粒子（具有半自旋的粒子皆是）滿足所謂的**獨佔原理**（exclusion principle），即每一個量子態只能為一個 Fermion 所佔據。所以，在原子中，主量子數為 n 的電子軌道裡，最多就只能佔有 $2n^2$ 個電子。

然而，不同量子態的電子有不同的能量。電子要佔據原子中的量子態自然從具最低**能階**（energy level）的量子態開始，依序而上。直至所有的電子佔據所有可能最低能階的量子態為止。這樣的原子狀態稱為該原子的**基態**（ground state）。

圖 1-1 為原子中電子量子態能階的示意圖。當 $n = 1, l = 0$（或用 1s 代表）的能階被兩個電子填滿（為氦 helium 原子的**基態**）後，如再有多餘的電子，就繼續填進 $n = 2, l = 0$（或用 2s 代表）的次高能階。當 2s 的能階被另兩個電子填滿（為鈹 berylium 原子的**基態**）後，如再有多餘的電子，就繼續填進 $n = 2, l = 1$（或用 2p 代表）的次高能階。當 2p 的能階被另六個電子填滿（為氖 neon 原子的**基態**）後，如再有多餘的電子，繼續填進 $n = 3, l = 0$（或用 3s 代表）的次高能階，……。基本上，所有化學**週期表**（periodic table，參考附錄一）上的元素，可以依此程序去了解它們的原子結構及其化學性質。

因本書所討論的半導體乃以建立在**矽**（silicon）元素長成的晶體上為主，此處自然是一個交代矽原子中電子結構的好地方。矽的**原子序**（atomic number）為 14，也就是原子核中有 14 個正電荷的**質子**（protons），原子核外圍有 14 個負電荷電子在環繞。依圖 1-1，這 14 個電子將從最低能階 1s 依序排到 3p 的能階，構成矽的基態。注

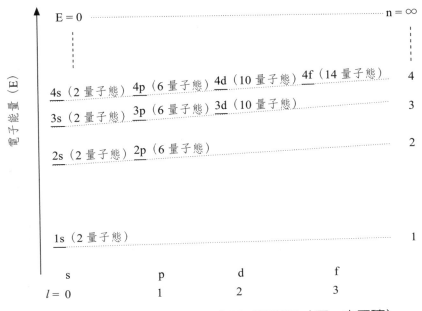

圖 1-1・原子中電子能階示意圖（能階尺寸不一定正確）

意：事實上，3s 與 3p 的兩個能階佔有四個電子，構成矽原子最外圍的電子層。而伴隨著這最外圍的電子層的還有可供另外四個電子佔據的四個空缺的量子態。

上面所言是針對單一存在的矽原子的情況。但以在半導體工業界被廣泛應用的矽晶體而言，每單位立方公分的體積內就擁有至少 10^{22} 個以上的矽原子。在如此小的空間內，這麼多的原子擠在一起，電子雲的分佈及其能階又會有什麼變化呢？

首先，必須知道固態矽基本上是以鑽石的**結晶體**（crystal）結構存在。結晶體，簡而言之，是以相同的單位原子構造重複出現的一種固態物體。對這種物體，量子物理學有一套理論方法可以進行分析了解。本書僅將其分析結果概要地呈現在圖 1-2 內。

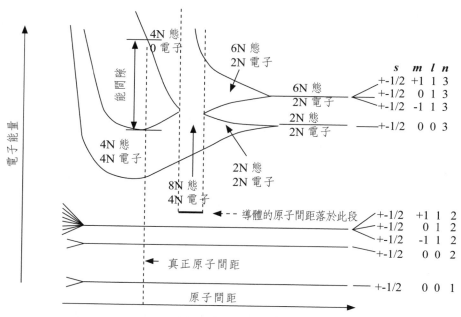

圖 1-2・矽原子中電子能階隨原子間距的變化

圖 1-2 表示一具有 N 個矽原子結晶體的量子態能階隨原子間距離變化的理論計算結果。注意：此圖只供示意解說而已，其繪畫尺寸並沒有嚴格遵照計算得到的數值。讓我們且將焦點放在矽原子的最外圍的電子層（即 3s 與 3p），因為這是我們對從單原子轉變到多原子結晶體結構的問題的主要興趣所在。當原子間距離非常遙遠時，每個原子互相獨立無關，所以這 N 個原子不過是一群各擁有 2 個佔據 3s 能階，及另 2 個佔據 3p 能階的外圍電子的原子群而已。當原子間距離漸漸減少，原本無關而相同的 2N 個 3s 態，及 6N 個 3p 態將漸漸在能階上顯現出不同；原本的 3s 能階將逐漸散開成 2N 個離散的能階。相同地，原本的 3p 能階也將逐漸散開成 6N 個離散的能階。但

因 N 為很大的數目（每單位立方公分的體積內就擁有至少 10^{22} 個以上的矽原子），這些密集的離散能階實際上與連續的能階幾無二致，故亦稱**能帶**（energy band）。事實上，能階的分散，或能帶的形成，是粒子間的電磁作用隨距離縮短而持續加強的結果。

當原子間距離繼續減少，上下兩能帶持續展開，最後在小於某個特定距離時，兩個能帶會二合為一連結起來，成為一個有 8N 個密集離散能階的能帶。當原子間距離繼續減少，8N 個密集離散能階的能帶又將開始分裂成二個各自擁有 4N 個密集離散能階的能帶；在基態時，下能帶為 4N 個電子（就是所有原子的全部外圍電子）所佔滿，而上能帶的 4N 態都是空的，沒有電子佔據。在兩能帶間的空隙，沒有任何量子態存在，也就沒有任何電子可被准許佔據，故稱**禁區間隙**（forbidden gap）。

事實上，在下能帶佔滿的電子，如用電子雲的觀念來看，主要分佈在最相鄰的每兩個矽原子之間，構成兩個矽原子緊密相連的鍵鍊。故下能帶亦稱**價電帶**（valence band）。而上能帶的 4N 個空缺態，通常沒有電子佔據。但一旦有電子佔據，其代表的電子雲基本上不受制於任何原子，除非正在固體的邊緣，否則，幾乎可以到處「雲」遊，近似**自由電子**（free electrons）。故上能帶亦稱**導電帶**（conduction band）。

固態矽的原子間距離落在圖 1-2 中垂直虛線的地方。於此處，禁區間隙的高度（簡稱**間隙能** gap energy）約為 1.12eV。以這樣的間隙能，價電帶上端的電子靠著熱能振動（前面所謂的基態就是毫無熱能的狀態，或溫度為絕對零度的情況），就有可能跳過禁區間隙（也就是價鍵斷了），成為導電帶上的導電電子。同時，價電帶因缺了一個

電子（有空洞），鄰近的價電子也很容易跳過來，形成另外的導電路徑。因此，價電帶上的「洞」也是可以導電的，我們遂將其稱為**電洞**（holes）。價電帶中電子借熱能而跳過禁區間隙產生的導電電子及導電電洞，合稱為**本質電載子**（intrinsic carriers），而它們就分別被稱為**本質電子**（intrinsic electrons）及**本質電洞**（intrinsic holes）。像矽這樣的固體，由於間隙能不大，在室溫時，就有不容忽視的本質電載子濃度提供導電的能力，是一種導電體。但這種導電體又不同於一般金屬導電體，於是被稱為半導體。如此段所述，僅靠本質電載子導電的半導體稱為**本質半導體**（intrinsic semiconductor）。注意：本質電子及本質電洞的數目永遠相等。

　　然而，金屬導電體與半導體真正的差異到底在哪裡？較精確的解釋仍然要借助於圖 1-2（雖然圖 1-2 是以原子序數 14 建立的，但類似的圖案也可援用到其它原子序數的元素，譬如原子序數 13 的鋁 Al）。還記得我們提到當原子間距離減少時，上下兩個能帶（當然，它們各自的能階數與矽原子的不一樣）會二合為一連結起來，成為只有一個能帶的區間（圖 1-2 中被另兩條垂直虛線界定的範圍）嗎？如果原子間距離是落在此區間內的固態物質就是金屬導電體。因為在這種情況，沒有禁區間隙，所謂價電子只要有一點微小的熱能（只要不在絕對零度），又受一點外加電場就可自由移動，就像自由電子一樣。因此的導電度，在通常情況下，比半導體大了好幾個**數量級**（orders of magnitude）。這種導電體就是金屬導電體。

　　我們同時也可用圖 1-2 來解釋絕緣體。如果固體原子間的距離是落在導電帶與價電帶分離得很開的地方，也就是間隙能很大之處，在這種情況下，價電子很難借著熱能從價電帶跳到導電帶。這種固體的

電載子濃度，即使有也很小，因此可被忽略，這就是絕緣體。譬如二氧化矽（SiO_2），有類似矽晶體的鑽石結晶體結構。雖然此固體中含有兩種不同的原子（Si 與 O），但矽與氧原子將結合成類似圖 1-3b 代表的晶體結構（事實上，真正的晶體結構分佈於三維空間，圖 1-3 為求易懂，簡化為二維空間）。這結構顯示基本上兩個氧原子配一矽原子結合成 SiO_2 的分子單位。在基態時，氧原子 2p 態的四個電子與矽原子的 3s 及 3p 態的四個電子形成價電帶，而氧原子另二個空缺的 3p 量子態與矽原子另四個空缺的 2p 量子態形成導電帶。能帶隨原子間距的變化也類似圖 1-2 所示。不同的是 SiO_2 真正的原子（或更真切地說，分子）間距落在導電帶與價電帶分離得很開的地方（約 9eV），因此，SiO_2 是一個絕緣體。

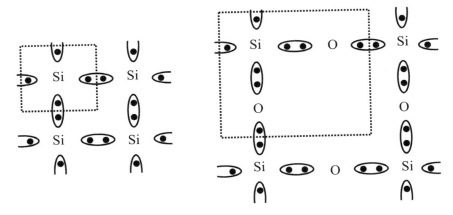

(a) 價鍊容易分開，形成導電
　　電子—電洞對

(b) 價鍊不容易分開，沒有自由
　　電子

圖 1-3・(a) Si 晶體的原子結構；與 (b) SiO_2 晶體的分子結構的二維平面簡化圖

　　本質半導體雖可導電，但在實際應用上，導電度嚴重不足。以矽晶體為例，在室溫時，本質電載子濃度只有約 $10^{10} cm^{-3}$，比起一般金屬，如鋁，約有 $10^{22} cm^{-3}$ 的自由電子濃度，其間導電度的差距實有如天壤之別。為增加半導體的導電度，以利於實用，便有在本質半導體中摻進**雜質**（impurity）以增加其導電度的**外質半導體**（extrinsic semiconductor）的出現。用來摻進本質半導體的雜質通常可概分為兩類：一類為三族元素，即可提供三個價電子的元素，如**硼**（B）；另一類為五族元素，即可提供五個價電子的元素，如**磷**（P）。

　　摻進雜質的原子濃度（$10^{16-19} cm^{-3}$）通常比起半導體本身的原子濃度（$10^{22} cm^{-3}$）小得很多，所以，雜質的出現基本上對於半導體的固體結構並不造成根本的改變——其原子不過填進可能的**晶格空缺**（vacancy，即該有矽原子卻無矽原子之處）處，以彌補矽原子之不足而已。

　　如所摻進的雜質屬於三族元素，如硼，因其價電子只有三個，比矽原子少一個，鄰近的矽原子的價電子就很容易借著熱能，跳過來佔據這個空缺，而在價電帶，留下一個電洞。價電子從矽原子跳到硼原子的轉換，稱為**游離**（ionization）。游離所須的能量稱為**游離能**（ionization energy），對矽固體中摻進硼雜質而言，游離能僅為 0.045eV 左右。通常室溫的熱能就足夠提供這個能量。所以，經由游離過程產生的電洞濃度幾乎與摻進的三族元素雜質的原子濃度相同。三族元素雜質原子的添加，其目的主要就是為接受矽原子的電子，產生電洞，故這種雜質的原子稱為**受體**（acceptor）。以上所描述，可以禁區間隙中存有一受體能階，而此能階與價電帶上緣之間隔即為游離能的能帶圖來代表（見圖 1-4a）。

　　如所摻進的雜質屬於五族元素，如磷，因其價電子有五個，比矽原子的多一個，這多餘的電子就很容易藉著熱能，跳脫其母原子的拘束，成為矽固體的導電帶中的一個電子。價電子從磷原子跳脫成為矽固體的一個導電電子的轉換，亦稱為游離。游離所須的能量亦稱為游離能，對矽固體中摻進磷雜質而言，此游離能亦僅為 0.045eV 左右，通常室溫的熱能同樣地就足夠提供這個能量。所以，經由游離過程產生的導電電子濃度與摻進的五族元素雜質的原子濃度也幾乎相同。五族元素雜質原子的添加，其目的主要為貢獻出矽固體的導電電子，故被稱為**施體**（donor）。以上所描述，可以禁區間隙中存有一施體能階，而此能階與導電帶下緣之間隔即為游離能的能帶圖來代表（見圖 1-4b）。

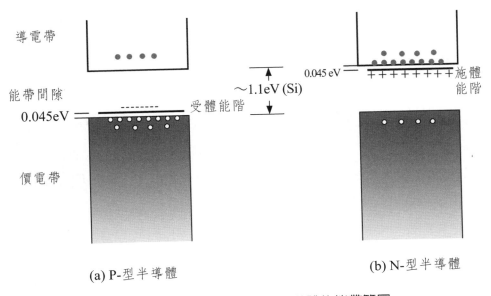

(a) P-型半導體

(b) N-型半導體

圖 1-4‧N-型與 P-型外質半導體的能帶簡圖

　　摻進的雜質為受體雜質，以之增加電洞濃度的半導體，稱為**受體型半導體**（acceptor-type semiconductor），或簡稱 **P 型半導體**（P-type semiconductor）。摻進雜質為施體雜質，以之增加導電電子濃度的半導體，稱為**施體型半導體**（donor-type semiconductor），或簡稱 **N 型半導體**（N-type semiconductor）。不管 P 型半導體，或 N 型半導體，都是借重外加雜質，以之或增加電洞，或增加導電電子的濃度而加強導電度，故統稱**外質半導體**（extrinsic semiconductor）。

　　外質半導體在今日半導體工業技術被廣泛地應用。在半導體晶圓上，作為電子元件，如電阻、電容、**二極體**（diode）、MOSFET（是 Metal-Oxide-Semiconductor Field Effect Transistor 的字首字母的縮寫，**金氧半場效電晶體**）……等，都是利用外質半導體而製造。本質半導體除了理論上存在之外，其實並無太多真正實用的價值。

　　矽是今日半導體工業界應用之主要基礎材料。當然，自然界提供的半導體材料並非只限於矽。表 1-1 的上半部，列出化學週期表上從二族到六族的一些主要元素（亦可參考附錄一的元素週期表）。下半部則列出可能（註：不是所有可能）的半導體物質。它可以是屬於四族的單元素物，如 Si、Ge。當不同元素的原子大小相近時，也可以都屬於四族的二元素化合物，如 SiC、SiGe；也可以是各屬於三、五族的二元素化合物，如 AlP、GaN；也可以是各屬於二、六族的二元素化合物，如 ZnS、CdSe。其他，還有更複雜的三元素、四元素化合物也可能構成半導體物質，我們不準備在此對之多所贅言。

　　自然界雖然提供如此豐富的半導體材料，但它們的絕大部分都不像矽一樣，在 IC 製造業上被大量廣泛地應用。究其原因，主要在於只有後者比較容易經由氧化（及其他技術）在極微小的範圍內作出千萬數目的元件整合。

表 1-1・半導體材料略表

部分週期表	II	III	IV	V	VI
		B	C	N	
		Al	Si	P	S
	Zn	Ga	Ge	As	Se
	Cd	In		Sb	Te
半導體之分類	四族元素	四族二元化合物	三五族二元化合物	二六族二元化合物	
	Si	SiC	AlP	ZnS	
	Ge	SiGe	AlAs	ZnSe	
			AlSb	ZnTe	
			GaN	CdS	
			GaP	CdSe	
			GaAs	CdTe	
			GaSb		
			InN		
			InP		
			InAs		
			InSb		

1.2　半導體 IC 產品的製造流程

　　從上一節知道，今日的半導體工業以在矽晶圓上極微小的範圍內作出千萬數目的零件整合而製造積體電路（IC）為主。本節將討論有關以矽半導體為基礎的 IC 產品的製造流程。綜觀半導體 IC 產品的製造流程，基本上可分為五個主要階段：1. 電路設計（circuit design）；2. 晶圓製程（wafer process）；3. 晶圓探測（wafer probe）；4. 晶粒封裝（chip assembly）；5. **burn-in**（崩應，註：作者以為這是一個很奇特的中文譯名，此後本書引用這名詞時，將一律只以英文出現）及**最後測試**（final test）。我們將對這製造流程的五個階段，簡要介紹如下。

1. **電路設計**：蓋房子要先有建築設計，製造 IC 自然就要先有電路設計。電路設計工程師首先根據目標產品需要的規格，憑藉他在電路方面的知識、經驗，並配合以電腦模擬的輔助，設計出可供晶圓製程製造的電路。當然，IC 產品的設計過程中，設計工程師必須考慮的因素很多。舉其重要者，不外乎要使設計的電路快速、穩定、省功率、符合產品的規格。一旦電路設計定案，電路設計工程師就會將其電路設計的結果畫成**電路圖**（schematics）。其後，**佈局**（layout）工程師便依據此電路圖來作電路佈局。電路佈局圖就是後來晶圓製程中要使用的**光罩**（photo mask）上用來通過光線與否的圖案。因此，晶圓製程中需要幾層**光罩**，對應地，佈局工程師就會繪製出幾層的佈局圖。今日 IC 製品非常講究如何在越小的面積裡放進越多的電路。因此，如何以最小的面積佈局一個產品的電路圖便成為佈局工程師的重要課題。

2. **晶圓製程**：本書所謂的晶圓泛指單晶矽的薄片而言。通常是由長成圓柱形的單晶矽切片而成。如何將矽長成圓柱體的單晶體？坊間有專書作這方面的介紹，讀者如對此題材有興趣，請自行參考這類專書。本書不準備對此題材多所贅言。矽晶圓有如建房子的地基一樣，是 IC 產品的起始材料；晶圓製程基本上是從矽晶圓開始，在其上一層層添加不同材質而重疊上去的。

今日半導體工業界應用的矽晶圓都非純矽晶圓（即非本質半導體）。通常都視應用的需要而預先**佈植**（doping）N 型或 P 型的雜質（濃度約在 $10^{15\text{-}17}$/cm^3 之譜）。所以，晶圓製程的起始材料通常是 N 型或 P 型的外質半導體。雜質的佈植通常在長單晶體晶圓時就一起完成。晶圓製程可以是簡單幾步，亦可相當繁瑣，端視產品的需要而定。一般而言，如下幾個步驟應是不可缺少的。

● <u>井工程</u>（well engineering）：今日的半導體晶圓技術中能提供的一個主要電子零件是 MOSFET。MOSFET 因所用的電極可能為 N 型或 P 型半導體，而相對地有 NMOSFET 或 PMOSFET（N 或 P 型金氧半場效應電晶體）的二種。為了節省功率，現在 IC 產品（特別是記憶體）的製造大多二型電晶體並用（對應的技術稱**互補** MOS，Complementary MOS，簡稱 CMOS）。由於 N(P)MOSFET 需要嵌置於 P(N) 型的外質半導體之內，如果所用的晶圓起始材料為 N 型半導體（可嵌置 PMOSFET），為了同時也能嵌置 NMOSFET 於同一晶圓內，晶圓有些區域就必須轉換成 P 型外質半導體，反之亦然。這種轉換通常借助**離子植入**（ion implantation）來達成。所謂離子植入，就是將具有一定能量的雜質離子束（譬如硼離子束——如果所需要的雜質是 P 型的話）對準晶圓目標區域（由光罩界定）的表面射入。適當地調節離子束的強度及能量，雜質進入晶圓內，就隨著與離晶圓表面的深度達成一定的濃度變化，以致於在到達一定的**射程**（range）時而終止。射入的 P 型離子束就在 N 型晶圓內構築成一個 **P- 井**

（P-well）。利用這種離子植入的步驟，在 N(P) 型晶圓中安裝 P(N)- 井。如此，晶圓因而為建造複雜的 CMOS 電路及其它相關的電子零件，提供了應該有的基礎建設。

● **氧化層的生長**（growth of oxide layer）：矽晶圓製程用來製造 IC 的一個重要技術是所謂的**平面技術**（planar technology）：這指的當然是藉著晶圓平坦的表面，一層層加上去的材料也能盡量保持平坦面的技術而言。我們在 1.1 節的尾聲，曾提到矽晶圓在今日半導體工業被廣泛採用的原因主要在於矽晶體表面容易長出細薄的氧化層。這事實使它適合被應用在 IC 製程所需要的平面技術裡。因為 SiO_2 是絕緣體，如果在細薄的氧化層之上，再鋪上一層電導體（包括半導體），不就成就了一個電容器了嗎？事實上，MOS 電晶體就是基於這種電容器的結構，再適當地加以修改，使得 MOS 電容器緊靠兩旁可有作為輸送電流的二電極（分別為**源極 source** 和**汲極 drain**）而成的。上面所言的細薄氧化層上層的導電層，就是用來控制電晶體開關與否的電極，通常稱為**閘極**（gate）。此細薄氧化層就被稱為**閘極氧化層**（gate oxide）。在早期的晶圓製程裡，有利用很厚的 SiO_2 區域來作為晶圓上不同零件之間的**電性隔離**（isolation）。這種用作電性隔離的厚氧化層稱為**場氧化**（field oxide）層。場氧化層的長成通常先於閘極氧化層。然而，今日比較先進的技術都已不再用場氧化作電性隔離，取而代之的是比較容易與平坦化配合的**淺溝渠隔離**（shallow trench isolation，簡稱 STI）技術。

● **臨界電壓**（V_T；**threshold voltage**）**離子植入**：所謂臨界電壓

就是 MOSFET 閘極上可以打開 MOSFET，讓它在源、汲二極間開始通電流的電壓，通常用符號 V_T 代表。為了讓臨界電壓落在一個適當的值，以使電路開關無誤，源、汲二極間的晶圓表面就須要佈植定量的雜質。通常，NMOS 須佈植 P 型雜質；而 PMOS 須佈植 N 型雜質。雜質的佈植，不論 P 型雜質或 N 型雜質，也都利用離子植入達成。

- <u>複晶矽的沉積</u>（poly-silicon deposition）：早期晶圓製程都用金屬鋁作為 MOS 電晶體閘極的材質。到了上世紀的 70 年代末期，閘極的材料漸被複晶矽所取代。這主要是因為複晶矽與整個製程相容性較好的緣故。複晶矽除了用作為 MOSFET 的閘極外，有時佈植以適當的雜質濃度，也可作為電阻線之用。但這不是說作為閘極的複晶矽就不必佈植任何的雜質。通常複晶矽在被沉積時是的確未佈植以任何雜質的。但當後續製程，在作源極／汲極的離子植入時，也同時會作複晶矽的離子植入。因此，在 CMOS 的晶圓製程中，N(P) MOSFET 的閘極就是具有高 N(P) 雜質濃度的複晶矽。

- <u>N^+/P^+ 離子植入</u>：我們已經在談氧化層的生長時，順便提到這一步製程了。源極／汲極須要佈植以高濃度的 N/P 雜質以減低該區域的電阻值。為此，離子植入以 N^+/P^+ 的符號表示其高濃度。注意：如前一段所言，N^+/P^+ 離子植入不僅在作源極／汲極的雜質佈植，對閘極，及其它複晶矽區域也同時作雜質佈植。

- <u>接觸洞（**contact**）與連接洞（**via**）的製作</u>：MOSFET 的源、汲二極須利用導電線與晶圓的其它部位作連接，以構成

有用的電路。為此，源、汲二極之上須開洞，以便縱橫於晶圓上部的導線（金屬或複晶矽）能與源、汲二極接觸。這種洞稱為接觸洞。另外，縱橫於晶圓上部的導線層，為了不同的目的，可能不僅一層而已，有時，對一些複雜的產品，甚至達到五、六層之多。不同層導線之間，也有連結的必要。這時，就須在二層（或多層）導線之間開洞，以便二層（或多層）導線的連接。這種洞稱為連接洞。今日晶圓製程中，都以**電漿蝕刻**（plasma etch）方法來製作接觸洞與連接洞。

- **金屬導線的沉積**：在晶圓中經**前段**（front end，泛指接觸洞之前；指接觸洞之後的便稱**後段 back end**）製程而存在的電子零件，如 MOSFET、二極體、電阻、電容等，須借著縱橫於晶圓上部的導線的連結，成為有效的電路。今日晶圓製程中，金屬導線的材質以鋁（aluminum）居多。鋁的沉積有多種方法。普遍常用的應該是在真空中的**噴濺法**（sputtering）。

- **護層（passivation）的沉積**：護層是加在經過全套製程之後的晶圓的最上層，用來保護底下的電子 IC 元件的。護層的材質通常是類似玻璃的矽氧氮化物。

3. **晶圓探測**：晶圓在晶圓廠走完製程之後，首先會作一些電性測試，檢查一些基本電性參數是否在規範之內。通常，晶圓片上的**晶粒**（die or chip）之間都留有一定寬度的空間，供切割成一顆顆晶粒之用。這個空間稱為**切割道**（scribe line）。切割道內如果留白，未免浪費（晶圓上的任何面積可說是寸土寸金），都會安置一些可供測量基本電性參數的特殊結構，

通稱**晶圓評估測試結構**（wafer assessment test structure，簡稱 WAT 結構）。在這些結構上所作的電性測量，通稱**晶圓評估測試**（WAT）。WAT 測量的電性參數包括各主要導電層的電阻值、連接洞與連接洞的電阻值、MOSFET 的飽和電流及**次臨界電流**（sub-threshold current）、MOSFET 的臨界電壓、MOSFET 的**貫穿電壓**（punch-through voltage）、二極體的**崩潰電壓**（breakdown voltage）等。如果 WAT 獲得的參數結果都在規範之內，基本上表示晶圓製程是沒有問題的。通過了 WAT 之後，晶圓跟著會進行**晶圓或晶粒探測**（wafer or Chip Probe，簡稱 CP）。CP 主要在於測試晶粒內每個**焊接墊**（bonding pads）點的基本電性、一些重要 DC 參數（如**待機電流**，standby current）的數值、以及電路的基本運作等是否正常。如果所有測量項目的結果都屬正常，該晶粒即判為良品。晶圓中被判為良品的晶粒數與全部晶粒數之比稱為**良率**（yield），是 IC 產品製造業一個很重要的參考指標。

4. **晶粒封裝**：在 CP 之後，被測為良品的晶粒，尚須經過封裝的製程，成為一顆**成品**（finished goods），才能真正派上用場，為消費者所用。晶粒的封裝大致可分成如下主要幾個步驟：

   ● <u>晶粒切割</u>（die sawing）：首先，當然是將晶圓沿切割道一一切開。晶圓切割通常用雷射刀完成。一顆顆晶粒就此可以分開。之後，從 CP 測為良品的晶粒就繼續走到下述的封裝步驟。而壞品除了供研究為何成為壞品的原因之外，通常就只有走入報廢之途。

   ● <u>晶粒粘著</u>（die attach）：晶圓切割之後，接著是將晶粒中的

良品選放到一稱為**導線架**（leadframe）的金屬架構上。選取
與放置的過程全由機器自動執行。導線架上的導線線路或
由機器壓製，或由蝕刻製程，作成預設的紋路，以作為晶粒
上的焊接墊與外界的連結之用（參考圖 1-5(a) 至 5(c)）。導
線架的中央還有一襯墊，作為置放晶粒之處。通常都用**銀膠**
（epoxy）將晶粒粘著在襯墊上。

●**焊連接線**（wire bonding）：晶粒粘著到導線架之後，從晶
粒上的焊接墊到導線架的連結，須藉焊接金屬線完成（圖
1-5(d)）。這個工作也是由稱為**焊線機**（wire bonder）的自動
系統執行。

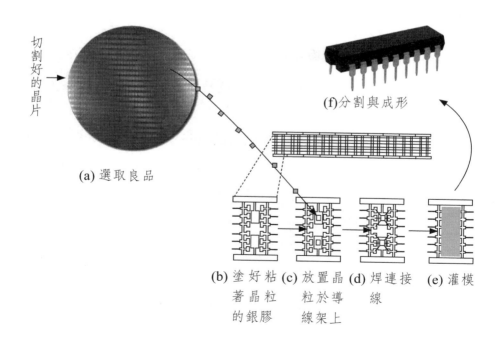

切割好的晶片

(f)分割與成形

(a) 選取良品

(b) 塗好粘　(c) 放置晶　(d) 焊連接　(e) 灌模
　著晶粒　　粒於導　　線
　的銀膠　　線架上

圖 1-5・塑膠體封裝過程簡圖

- **灌模**（molding）：導線架上焊有連接線的晶粒，接著就經過灌模的程序（圖 1-5e，註：**本書凡談到封裝，除非特別注明，否則以被業界大量應用的塑膠封裝為主**）。所謂灌模是環繞著晶粒灌入膠體，將它封閉住，只讓導線架的連結腳露出。灌模的程序都在高溫及高壓之下完成。

- **分割與成形**（trim and form）：灌模之後的晶粒，就達到可以獨立分開的條件。分開的辦法是利用機械工具將一顆顆封裝後的晶粒分開。分開的同時，機械工具還會將導線腳壓彎成它們應有的最後的形狀（圖 1-5f）。

5. **Burn-in 及最後測試**：封裝後的成品經過封裝中高溫及高壓的程序，可能「惡化」其原有存在於晶粒或封裝體中的缺陷，也可能造成新添的傷害。因此，對於品質／可靠度要求嚴格的客戶，以封裝後的成品直接出貨是不可能被接受的。基本上，為了除去這些可能在晶圓探測時，沒有被發現的新增異常品，封裝後的成品通常至少還要經過 burn-in 及最後測試兩道手續。

  - **Burn-in**：burn-in 的主要目的就是對封裝後的成品作短時間的加速加壓（通常借高溫度高電壓達成），使原具有缺陷，且已經「惡化」，或可能有新添傷害的零件，成為異常品，可經後續的最後測試測出，而不致出貨到客戶手上。Burn-in 所用的條件通常比在客戶應用時的操作條件更苛刻，才能達到加速加壓的目的。然而，所用的條件也不能過於苛刻。因為如過於苛刻，造成不必要的殘害，可能反而增加客戶使用時的故障率，變成得不償失。如何選取 burn-in 的最佳化條件，本書在第四及第五章將有所論述。

- **最後測試**：顧名思義，最後測試是成品出貨之前的最後一道測試程序。不管經過 burn-in 與否，基本上，IC 成品都應作最後測試，方能出貨。這不僅因經過封裝，IC 產品如前面所言，可能「惡化」其既存的缺陷，或可能新添傷害；更因為封裝的晶粒，其功能表現與裸露的晶粒有一定程度的落差。其實，今日 IC 業界的測試機台，大都因最後測試而設計。大部分功能測試也都在最後測試，而不在晶圓探測時執行。通常，在產品被使用時的可能高低溫上下限，都應作最後測試，以確定零件在可能被使用的條件範圍內，運作無誤。這是在晶圓探測時很難作到的。通過最後測試的 IC 產品零件，理論上，是成功走完生產線全程的良品。它或者可隨時被出貨到客戶手上，接受實際考驗，也或者可儲存於製造商的良品倉庫裡，靜候客戶青睞，待價而沽。

1.3　基本可靠度觀念

可靠度（reliability），從字面看，就是產品的堅固耐用的程度。但這只是一個沒有量度的抽象觀念。事實上，就大批量產的製造業來講，可靠度是對產品的預期壽命的一種統計測量，後面在談到統計觀念時，會加以解釋。從單晶矽晶圓的長成開始，經晶圓製程，封裝製程，而到最後，半導體 IC 成品的產出，可以說是近代高科技發展的一個不平凡的成就。如何讓由高科技發展出來的 IC 產品能夠經久耐用，本身自然也是一個科技的問題。換句話說，要知道半導體 IC 產

品如何經久耐用，就必須知道其牽涉到的可靠度的基本道理，也就是所謂的可靠度物理。另一方面，半導體 IC 產品經過的製造步驟十分繁雜，影響最後產品表現的變數可能不止百千。所以，要了解每一顆 IC 產品的可靠度，確定它可使用多久，即使理論上不是不可能，也萬分困難。但是如果經由統計的分析，來對產品的整體作可靠度的了解預測，則是可行的。所以，可靠度的觀念，基本上有兩個面向；一個是物理的，一個是統計的。

可靠度物理：一個產品由可被正常使用，到故障不能使用，中間一定有一個（或數個）使其逐漸**退化**（degrading）的**機制**（mechanism）。了解這個（些）機制，並借著這樣的了解，提出阻擋或減緩這個（些）機制的對抗辦法，使產品或不容易退化或延遲退化的腳步，增強可靠度，這就是可靠度物理基本上要達成的。

可靠度統計：上面說過，影響產品表現的變數很多，因此，每個 IC 產品的可靠度的表現不盡相同。易言之，預測每顆 IC 產品的可用壽命是不可能的。但同樣產品在大量的生產之下，對於其可靠度就可用統計的方法加以描述。從這個觀念出發，可靠度甚至可以一**數學函數**（mathematical function）來加以定義與量化。用數學的語言來說，可靠度是一個製造出來的**零件**（component part）在正常條件下經過一段指定時段的運作，仍然能夠符合規格的**或然率**（probability）。通常用符號 $R(t)$ 來代表這個以時間為其主變數的或然率數學函數。函數符號中的時間 t 代表定義中所謂的「一段指定時段」。與 $R(t)$ 互補的另一個數學函數為故障或然率。其定義為：在正常條件下經過一段指定時段的運作，零件變成故障（**failure**，即不能符合規格）的**或然率**，通常用符號 $F(t)$ 來代表。注意：因零件，在正常條件下經過

23

一段指定時段的運作，不是仍然符合規格，就是故障了。所以，下式永遠成立，

$$R(t) + F(t) = 1 \qquad\qquad (1\text{-}1)$$

對於上述二個或然率，也可以換個說法。假設我們經由量產得到一批基本上同類的大量的 IC 零件。如果這 IC 零件**群體**（population）數很大，我們也可以把 $R(t)$ 解釋為經過一段指定時段（t）的運作之後，這 IC 零件群體仍然運作正常的比例（正常比例）。同樣地，$F(t)$ 可解釋為經過一段指定時段（t）的運作後，這 IC 零件群體已經故障的比例（故障比例）。在數學上來說，我們能夠這樣解釋 $F(t)$，乃基於群體數近似於無窮大的看法。在現實上，這當然是不可能的。但我們應謹記在心，群體數越大，這種將或然率數學函數解釋成正常比例與故障比例的方法就越近似於正確。

既然我們可以數學函數 $F(t)$ 來代表一零件群體經過一段指定時段（t）的運作之後，已經故障的比例，我們可以據此定義在某一小段時間 Δt 內的**故障率**（failure rate）。因為 $R(t)$ 為經過一段指定時段 t 的運作之後，IC 零件群體仍然運作的正常比例；而 $F(t + \Delta t) - F(t)$ 為 t 從到 $t + \Delta t$ 新累積的 IC 零件群體的故障比例；所以，對在時間 t 仍然正常運作的零件群體而言，零件變成故障的比例為 $[F(t + \Delta t) - F(t)] / R(t)$。在 Δt 之時段內的**平均故障率**（average failure rate）因此可以表示為，

$$h(t) = \frac{F(t + \Delta t) - F(t)}{R(t)\,\Delta t}$$
$$= \frac{F(t)}{R(t)\,\Delta t} \qquad\qquad (1\text{-}2)$$

式中，以 $\Delta F(t)$ 代替 $(F(t + \Delta t) - F(t))$。

　　當 Δt 趨近於零（或無限小），學過**基本微積分**（fundamental calculus）的讀者都知道平均故障率 $h(t)$ 就趨近於在時間 t 的**瞬時故障率** $h(t)$（instantaneous failure rate），即

$$h(t) = \lim_{\Delta t \to 0} \frac{\Delta F(t)}{R(t)\,\Delta t}$$
$$= \frac{1}{R(t)} \cdot \frac{dF}{dt} \qquad\qquad (1\text{-}3)$$

　　瞬時故障率 $h(t)$ 又稱**危險率**（hazard rate），或逕稱故障率。在 $F(t)$ 很小（$<< 1$）時，$R(t)$ 接近等於 1，因此 $h(t)$ 就是 $F(t)$ 的時間微分。$F(t)$ 的時間微分通常以 $f(t)$ 表示，稱**或然率密度函數**（probability density function，簡寫為 pdf）。由 $f(t)$ 的引入，故障率 $h(t)$ 可簡化為 $f(t) / R(t)$。$F(t)$ 亦稱**累積分佈函數**（cumulative distributive function, CDF）。本書中，有時又將之稱為**累積故障率**（cumulative failure rate），或如前所提的**故障比例**（failure ratio）。

　　我們將在第二章介紹不同的數學函數所代表的不同的或然率密度函數（pdf），與其所代表的不同可靠度壽命分佈模型。不同可靠度壽命分佈模型基本上又對應於不同的退化物理機制。從這層了解，前面提到的可靠度觀念的兩個面向——物理的及統計的——正如一體兩面，並非完全無關。

1.4　產品可用壽命

　　從上一節知道，IC 零件群體的壽命有其統計分佈。在不同的時間點，有不同比例的零件走完它們的可用壽命週期。理論上，我們可以 $F(t)$（CDF）描述這種可用壽命週期的分佈。但從統計學的觀點，每一個零件群體中個體的壽命往往並非興趣所在。通常比較為人注意的是達到低故障比例（譬如：0.01%）的可用壽命週期為何，群體的**平均壽命**（mean lifetime）為何，群體的**中間壽命**（median lifetime）為何等。

　　低故障比例的壽命：如果故障的原因純粹基於**衰敗**（wear-out，見下一章）的過程，我們希望大部分的 IC 產品都歷久彌堅，衰敗緩慢，有長久的壽命。衡量的標準就是當累積的故障比例很低的時間點已經超過可接受的壽命長度。這個所謂的低故障比例通常定在 0.1%。對應的時間點記為 $t_{0.1}$，滿足

$$F(t_{0.1}) = 0.001 \qquad\qquad (1\text{-}4)$$

今日，在 IC 工業界衡量零件群體的可靠度可被接受與否的方法，通常就是看 $t_{0.1}$ 有否超過規定的時間而定。現在 IC 業界大部分的共識規定這個時間為十年，也就是說，IC 業界的一般規格要求：

$$t_{0.1} > 10 \text{ years} \qquad\qquad (1\text{-}5)$$

　　這個規格表示在 10 年內，平均故障率（式 1-2）為 0.001/(10×

365×24 hrs) = 11.4 failures / (10^9 device hours) = 11.4 FIT。FIT 是故障率的單位，代表「failure in time」，等於在 10^9 元件小時（device hours）中故障的零件數。由此，可知今日 IC 業界對可靠度要求嚴格之一斑。

平均壽命：平均壽命亦可稱為**到達故障平均時間**（mean time to failure，符號記為 MTF）。數學上，平均壽命可以寫為如下之積分式，

$$\text{MTF} = \int t\, f(t)\, dt \tag{1-6}$$

式（1-6）本身是十分明顯易解的。

中間壽命：中間壽命亦可稱為**到達故障中間時間**（median time to failure，符號記為 t_{50}）。數學上，中間壽命可以由下式決定，

$$F(t_{50}) = 0.5 \tag{1-7}$$

從上式，知道所謂中間壽命就是零件群體到達 50% 故障點所消耗的時間。

$t_{0.1}$, MTF, t_{50}，這三個時間參數提供有關零件群體的壽命分佈不少的訊息。如果這三個時間參數都已知道，此零件群體的整體可靠度表現可知過半了。

參考文獻

1. A S Grove, *Physics and Technology of Semiconductor Devices*, Wiley, New York, 1967.

2. S W Jones, *Introduction to Integrated Circuit Technology*, 2004 IC Knowledge LLC.

3. K C Kapur and L R Lamberson, *Reliability in Engineering Design*, John Wiley, New York, 1977.

4. J F Lawless, *Statistical Models and Methods for Lefetime data*, Wiley, New York, 1982.

5. N R Mann, R E Shafer, and N D Singpurwalla, *Methods for Statistical Analysis of reliability and Life data*, Wiley, New York, 1974.

6. I Miller and J E Freund, *Probablity and Statistics for Engineers*, Prentice Hall, New Jersey, 1977.

7. M Ohring, *Reliability and Failure of Electronic Materials and Devices*, 1998, Academic Press, USA.

8. B Prince and G Due-Gundersen, *Semiconductor Memories*, J Wiley and Sons, 1983.

9. A G Sabnis, *VLSI Reliability*, Academic Press, 1990.

10. B G Streetman and J Banerijee, *Solid State Electronic Devices*, Prentice, New Jersey, 2000.

11. S M Sze, *Semiconductor Device - Physics and Technology*, Wiley, New York, 2001.

第 2 章

可靠度壽命分佈模型

　　在此章，將基於前一章提到的有關可靠度統計學的處理辦法，介紹幾個常用的壽命分佈模型，包括 2.1 節中的**指數分佈**（exponential distribution）模型，2.2 節中的**常態與對數常態分佈**（normal distribution and lognormal distribution）模型，及 2.3 節中的**韋伯分佈**（Weibull distribution）模型。最後一節（2.4 節）中，我們將提到代表一般產品群體被使用過程中的故障率的變化曲線，即眾所周知的所謂「浴缸曲線」（bathtub curve）。這個曲線的三個主要特殊區段可分別由前幾節介紹的不同分佈模型代表，也分別對應於不同退化的物理機制。

2.1　**指數分佈**（exponential distribution）**模型**

　　指數分佈模型的或然率密度函數 pdf，表示為如下式：

$$f(t) = \lambda e^{-\lambda t} \qquad\qquad (2\text{-}1)$$

式中 $\lambda(> 0)$ 為一時間倒數的參數。後面會發現它就是這個壽命模型的瞬時故障率——在這個壽命模型裡，瞬時故障率是常數。將 $f(t)$ 對時間從 $t = 0$ 到 t 積分一次，得累積分佈函數 CDF，

$$F(t) = \int f(t)dt$$
$$= 1 - e^{-\lambda t} \qquad\qquad (2\text{-}2)$$

依式（1-3），瞬時故障率（以後將逕稱故障率）的定義，可發現

$$h(t) = \lambda \qquad （2\text{-}3）$$

誠如前面所言，故障率是一不變常數，就是 λ。

　　注意：式（2-1），（2-2），與（2-3）中的 t 須滿足 $t > 0$ 才有意義，也就是說所有的產品自 $t = 0$ 開始起用。圖（2-1）中的 a, b, c 分別將式（2-1）、（2-2）、（2-3）的特性表示出來。

　　什麼樣的情形，故障率會是常數呢？這表示產品群體內，幾乎每個產品零件都具有相同、到處隨機存在又各自獨立的缺陷。這種缺陷可能隨製程而自然存在；也可以是因製程不良而外加產生，可以避免的。因為這種到處隨機存在，又各自獨立的缺陷，不管產生的原因為何，它對產品群體內每顆 IC 零件造成故障的或然率也是隨機而存在，不因時間而變。故有不變的故障率。所以，當我們看到一產品群體有不變的故障率的時候，除非其故障率很低，在可以被接受的範圍內，否則，產品內所具有的缺陷可能到處存在，一定要設法加以移除。

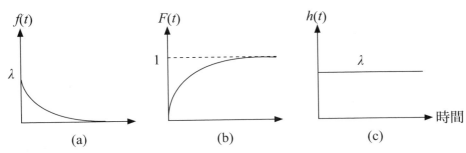

圖 2-1・指數分佈模型中 (a) pdf，(b) CDF 及 (c) 故障率與時間的變化關係　　31

我們在 1.4 提到三個壽命參數 $t_{0.1}$, MTF，與 t_{50}。對指數分佈模型而言，此三個壽命參數可以表示如下：

由式（1-4）及（2-2），可得

$$t_{0.1} = -\ln(1 - 0.001)/\lambda = 0.001/\lambda \qquad (2\text{-}4)$$

如果 $t_{0.1} > 10$ years，則 $\lambda < 0.001 / (10 \times 365 \times 24\text{hrs}) = 11.4$ failures / $(10^9$ device hours$) = 11.4$ FIT。因指數分佈代表常故障率的情況，我們發現對 λ 的要求比前一章對平均故障率的要求還要嚴格。

由式（1-6）及（2-1），可得

$$\text{MTF} = 1/\lambda \qquad (2\text{-}5)$$

由式（1-7）及（2-2），可得

$$t_{50} = \ln 2/\lambda = 0.69/\lambda \qquad (2\text{-}6)$$

從上面的結果可知：在指數分佈模型裡，t_{50} 比 $t_{0.1}$ 長了 690 倍，MTF 又比 t_{50} 長了約 1.45 倍。

如果將式（2-2）重新安排，可得，

$$y \equiv -\ln(1 - F) = \lambda t \qquad (2\text{-}7)$$

所以，y–t 圖常被用來作為檢驗一組實驗數據是否為指數分佈的

輔助工具。將實驗數據放在 $y-t$ 圖上（見圖 2-2），如為指數分佈，數據基本上應落在一直線上。指數分佈模型的常故障率 λ 可以從作 $y-t$ **線性套合**（liner fit）的直線斜率獲得。假設一有 N 樣品數的產品群體，其樣品的壽命數據依序為 $t_1, t_2, t_3, \cdots, t_N$。對應於這些壽命點的 CDF 值，可近似表示為 $i/(N+1)$，即 $F(t_i) = i/(N+1)$，i 為依壽命短長順序排列的正整數。將各 CDF 代轉為 y，可得 N 對（t_i, y_i）的實驗數據。圖 2-2 為根據一組虛擬的（t_i, y_i）實驗數據作線性套合的例子。注意：線性套合所得直線的斜率就是這組壽命數據的故障率，依圖 2-2，約為 0.1% ／ 時。

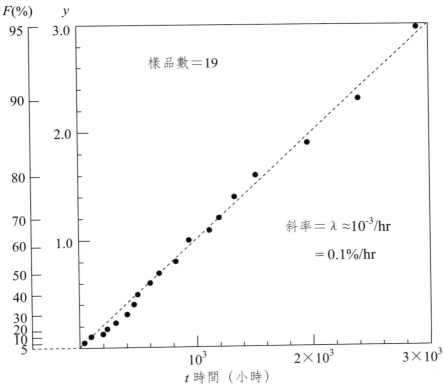

圖 2-2・指數分佈（虛擬）實驗數據作圖法示範

2.2 常態與對數常態分佈（normal and lognormal distribution）模型

2.2.1 常態分佈模型

統計學裡有一個重要的定理，就是所謂的**中央極限定理**（central limit theorem）。這個定理說，互相無關而在特定範圍內分佈的一群「很多」隨機變數的總合，具有以漸近於常態而分佈（也就是所謂的鐘形分佈）的特性。上面所謂「很多」，理論上是趨近於無窮大的正整數的意思。其實，只要有三個以上的隨機變數，理論上可以證明，其總和已經有超過 90% 以上的程度，漸近於常態分佈。中央極限定理告訴我們常態分佈在統計學裡的重要性。上面所述，可以數學式來描述如下：假設 t 為 $t_1, t_2, t_3, \cdots, t_n$ 的和，即

$$t = t_1 + t_2 + t_3 + \cdots + t_n \qquad （2\text{-}8）$$

如 $t_1, t_2, t_3, \cdots, t_n$ 為互相無關而在特定範圍內分佈的一群隨機變數，則當 $n \to \infty$，t 趨近於以如下式（2-9）為 pdf 的常態分佈。

常態分佈的 pdf 為下式，

$$f(t) = 1/[\sigma (2\pi)^{1/2}]\exp[-(t-u)^2/(2\sigma^2)] \qquad （2\text{-}9）$$

式中，u 為常態分佈的**中間值**（median），σ 為常態分佈的**標準差**

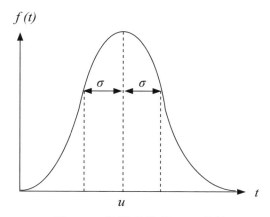

圖 2-3．常態分佈的 Pdf 曲線

（standard deviation）。圖 2-3 繪出常態分佈的 pdf 曲線，也就是前面提到的鐘形分佈曲線。常態分佈的曲線以中間值為最高點，曲線兩邊對此最高點對稱分佈。

　　將 $f(t)$ 對 t 從 $-$infinity 到 t 積分一次，得累積分佈函數 CDF，

$$F(t) = \int f(t)dt$$
$$= 1/2\{1 + \text{erf}\,[(t-u)/(2^{1/2}\sigma)]\} \qquad （2\text{-}10）$$

式中，erf 為數學中的特殊函數，稱為**錯誤函數**（error function）的符號。錯誤函數的值通常須經數值計算而得，但在 $t =$ 正／負無窮大，及 0 的值卻很容易知道為 $\text{erf}(-\infty) = -1,\ \text{erf}\,(+\infty) = 1$，及 $\text{erf}(0) = 0$。因此，從式（2-10），得 $F(-\infty) = 0,\ F(u) = 1/2$，及 $F(+\infty) = 1$。圖 2-4 繪出常態分佈的 CDF 隨 t 而變的變化曲線。當 t 在負無窮大時，F 為 0；t 在 u 時，$F = 1/2$；當 t 趨近正無窮大時，F 接近1。注意：$t = u$，

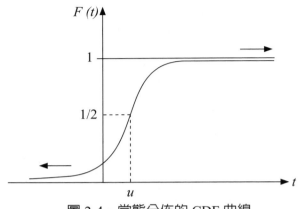

圖 2-4・常態分佈的 CDF 曲線

就是 t_{50} 的地方。這當然如此，因為前面定義過，u 為常態分佈的中間點。

　　依式（1-3），常態分佈的故障率也可求出（讀者可自行導出數學式）。圖 2-5 繪出常態分佈故障率與時間的特性曲線。

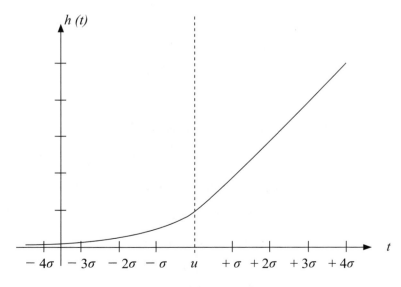

圖 2-5・常態分佈的故障率隨時間的變化曲線

　　應該再特別一提的是標準差。標準差是代表常態分佈的寬窄程度。標準差較大時，圖 2-2 的鐘形曲線就比較寬廣，反之，鐘形曲線就比較狹窄。下面我們將離開中間值（正／負）幾個標準差處的 CDF 值羅列如下：

$$F(u - 4\sigma) = 0.000033$$
$$F(u - 3\sigma) = 0.0013$$
$$F(u - 2\sigma) = 0.0228$$
$$F(u - 1\sigma) = 0.1587$$
$$F(u + 1\sigma) = 0.8413$$
$$F(u + 2\sigma) = 0.9772$$
$$F(u + 3\sigma) = 0.9987$$
$$F(u + 4\sigma) = 0.999967 \qquad （2\text{-}11）$$

　　因為在上式中，0.1587 有時被四捨五入近似為 0.16；0.8413 有時被四捨五入近似為 0.84，所以標準差有時被近似表示為

$$\sigma = t_{84} - t_{50} = t_{50} - t_{16} \qquad （2\text{-}12）$$

　　我們可將式（2-10）經過反函數（inverse function）的運作，重新安排寫成下式，

$$y \equiv \sqrt{2}\,\mathrm{erf}^{-1}(2F - 1) = (t - u)/\sigma \qquad （2\text{-}13）$$

式中，erf^{-1} 為反錯誤函數（inverse error function）的符號。

所以，$y-t$ 圖常被用來作為檢驗一組實驗數據是否為常態分佈的輔助工具。我們可以依照指數分佈提過的方法，將實驗數據放在 $y-t$ 圖上（見圖 2-6，根據虛擬數據的例子），如為常態分佈，數據應落在一直線上。其經過 $y=0$，也就是 $F=1/2$ 的 t 值就是 u，而從直線的斜率（$=1/\sigma$）可以決定標準差。

常態分佈因其對稱性，中間值也是平均值所在之處，即 t_{50} 也是 MTF。至於 $t_{0.1}$，讀者可自行求出它應該落在離開中間值多少標準差的地方。

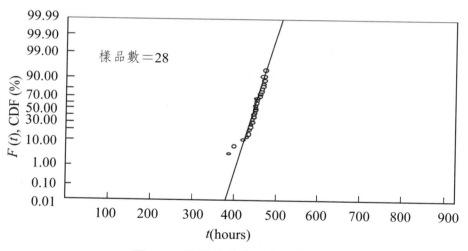

圖 2-6・常態分佈實驗數據的作圖

2.2.2 對數常態分佈模型

　　與常態分佈緊密相關的統計分佈就是對數常態分佈。所謂對數常態分佈，就是原來的隨機變數取對數之後的新變數，如果具有常態分佈，原來的變數就稱為具有對數常態分佈。不像常態分佈——乃是一群互相無關而在特定範圍內分佈的隨機變數的總合所具有的漸近分佈——對數常態分佈，乃是一群互相無關而在特定範圍內分佈的隨機變數的乘積所具有的漸近分佈。考慮 t 為 $t_1, t_2, t_3, \cdots, t_n$ 的乘積，即

$$t = t_1\ t_2\ t_3 \cdots t_n \qquad\qquad （2\text{-}14）$$

上式兩邊取對數，得下式，

$$\ln t = \ln t_1 + \ln t_2 + \ln t_3 + \cdots \ln t_n \qquad\qquad （2\text{-}15）$$

　　如 $t_1, t_2, t_3, \cdots, t_n$ 為互相無關而在特定範圍內分佈的一群隨機變數，它們的對數當然也都有同樣的性質。從中央極限定理可知，當 $n \to \infty$，$\ln t$ 就漸近於常態分佈。所以 t 本身就漸近於對數常態分佈。

　　對應於常態分佈的 pdf，對數常態分佈的 pdf 為下式，

$$f(t) = 1\ /\ [\sigma\ t(2\pi)^{1/2}]\exp[-(\ln(t/u))^2\ /\ (2\sigma^2)] \qquad （2\text{-}16）$$

式中，u 為對數常態分佈的中間值，σ 稱為對數常態分佈的**形狀因子**（shape factor）。圖 2-7 繪出對數常態分佈在幾個不同形狀因子值的

pdf 曲線。注意：在對數常態分佈中，$t > 0$ 才有意義（使用壽命有一個起點）。對數常態分佈的中間值並非在 pdf 曲線的最高點，而 pdf 曲線也沒有對其最高點對稱，它從 $t = 0$ 開始，而向 t 增加的一邊無限延長尾巴（這種分佈稱為正向彎曲 positively skewed）。

將 $f(t)$ 對 t 從 0 到 t 積分一次，得累積分佈函數 CDF，

$$F(t) = \int f(t)dt$$
$$= 1/2\{1 + \text{erf}\,[\ln(t\,/\,u)\,/\,(2^{1/2}\,\sigma)] \tag{2-17}$$

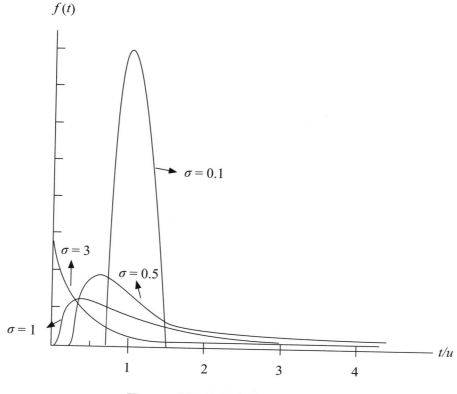

圖 2-7．對數常態分佈的 pdf 曲線

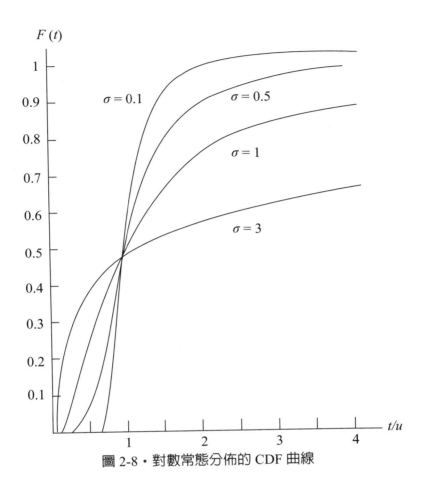

圖 2-8・對數常態分佈的 CDF 曲線

圖 2-8 繪出對數常態分佈在幾個不同形狀因子值的 CDF 隨 t 而變的變化曲線。當 $t = 0$ 時，F 為 0；t 在 u 時，F 為 $1/2$；當 t 趨近正無窮大時，F 接近 1。注意：$t = u$，就是 t_{50} 之處，即 u 確是對數常態分佈的中間點。

　　依式（1-3），對數常態分佈的故障率也可求出。圖 2-9 以數值計算的幾個例子繪出對數常態分佈在幾個不同形狀因子值的故障率與時間的特性關係。

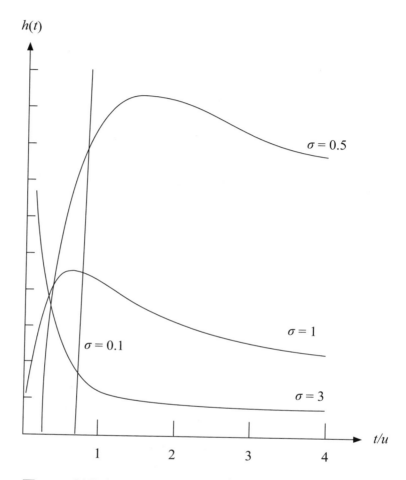

圖 2-9・對數常態分佈的故障率隨時間的變化曲線

　　應該再特別一提的是形狀因子。形狀因子，類似常態分佈中的標準差，代表對數常態分佈的寬窄程度。形狀因子較大時，圖 2-8 的 CDF 曲線就比較寬廣，反之，就比較狹窄。但形狀因子與標準差有一點基本不同；後者與變數本身同單位（或說同**物理因次** physical dimension），而前者是純數，不帶任何物理因次。下面我們將 $\ln(t/u)$

等於幾個（正／負）形狀因子處的 CDF 值羅列如下：

$$F(ue^{-4\sigma}) = 0.000033$$
$$F(ue^{-3\sigma}) = 0.0013$$
$$F(ue^{-2\sigma}) = 0.0228$$
$$F(ue^{-\sigma}) = 0.1587$$
$$F(ue^{\sigma}) = 0.8413$$
$$F(ue^{2\sigma}) = 0.9772$$
$$F(ue^{3\sigma}) = 0.9987$$
$$F(ue^{4\sigma}) = 0.999967 \qquad （2\text{-}18）$$

因為在上式中，0.1587 有時在小數點後第三位，四捨五入近似為 0.16；0.8413 有時在小數點後第三位，四捨五入近似為 0.84，所以形狀因子有時近似表示為

$$\sigma = \ln(t_{84} / t_{50}) = \ln(t_{50} / t_{16}) \qquad （2\text{-}19）$$

依式（1-3）故障率，可發現為

$$h(t) = \frac{2^{1/2}\exp[-(\ln(t/u))^2/(2\sigma^2)]}{\pi^{1/2}t\sigma\,\mathrm{erfc}[\ln(t/u)/(2^{1/2}\sigma)]} \qquad （2\text{-}20）$$

式中，erfc 為互補錯誤函數（complementary error function），即

$$\mathrm{erfc}\,(x) = 1 - \mathrm{erf}\,(x) \qquad （2\text{-}21）$$

43

圖 2-9 繪出對數常態分佈下，在幾個不同的形狀因子（0.1, 0.5, 1 及 3）時，故障率與時間的變化關係。從這些曲線可知，具有對數常態分佈的壽命群體，其故障率在初期都是增加的。到了群體幾乎已經全部故障殆盡，故障率才開始降低。形狀因子愈小，故障率的增加比較晚出現。但一經出現，就很快速地增加，可以說群體競相奔赴死亡。形狀因子愈大者，故障率的增加愈早出現，但即使如此，整個群體的衰亡要花費很長的時間完成。

我們可將式（2-17）經過反函數的運作，重新安排寫成下式，

$$\sqrt{2}\,\text{erf}^{-1}(2F - 1) = \ln(t / u) / \sigma \qquad (2\text{-}22)$$

若將式（2-22）的左邊整個稱為變數 $y(\equiv \text{erf}^{-1}(2F - 1))$，則 y 與 $\ln t$ 之間滿足線性關係，

$$y = \ln(t / u) / \sigma \qquad (2\text{-}23)$$

所以，$y - \ln t$ 圖常被用來作為檢驗一組實驗數據是否為對數常態分佈的輔助工具。我們也可以依照前面提過的方法，將實驗數據放在 $y - \ln t$ 圖（所謂的半對數圖 semi-logrithmic plot）上（見圖 2-10），如為對數常態分佈，數據應落在一直線上。其經過 $\ln t$- 軸的值就是 $\ln u$，而從直線的斜率（$= 1 / \sigma$）可以決定形狀因子。

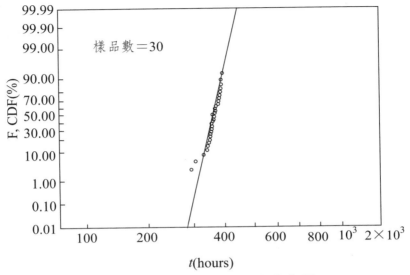

圖 2-10．對數常態分佈實驗數據的作圖

對數常態分佈因其非對稱性，中間值點與平均值點並非落在同處，即 t_{50} 不等於 MTF。

如前所述，常態分佈可以相當正確地代表一群互相無關而在特定範圍內分佈的隨機變數總合的分佈；而對數常態分佈可以相當正確地代表一群互相無關而在特定範圍內分佈的隨機變數乘積的分佈。人類日常活動中的許多數據是常態分佈的。譬如一星期中固定某天同一時段乘坐同一班捷運的人數；丟擲幾個骰子得到數字的總和，……等。這些，乘坐捷運的人數與骰子上面的數字總和，都可看成數個隨機變數的和。依據中央極限定理，它們是應該近似於常態分佈的。一個變數可視為其它幾個隨機變數和的「過程」（process），稱為**加和過程**（additive process）。不過，自然界進行的過程，多不是加和過程。我們有興趣的一些自然科學的變數通常倒是以其它隨機變數的乘積為

過程在進行的居多。譬如大部分的物理、化學變化的進行都是如此。這種過程，便稱為**乘積過程**（multiplicative process）。IC 產品在使用中，如果使其衰敗的過程，是純粹由於過度使用而自然退化的，就是很典型的乘積過程。對數常態分佈可以相當正確地用來描述這種乘積過程的壽命數據的統計形態。代表**加和過程**的常態分佈模型，事實上，在可靠度壽命模型應用上，並無太大用處。

從乘積過程的觀點，加上統計學的中央極限定理，得到一般自然過程的變化是遵循對數常態分佈的結果。前面說過，對數常態分佈，不像常態分佈，在時間上的分佈為不對稱，是正向彎曲的。這似乎告訴我們，考慮所有可能的隨機變數的統計結果，可以確定自然過程在時間上進行的方向性。這與熱力學第二定律的時間方向性有什麼關聯？也似乎是值得深思而饒足興味的問題。

2.3　韋伯分佈（Weibull distribution）模型

前二節討論過的指數分佈、常態分佈與對數常態分佈，都是以理論為基礎推導出來的統計模型。其中，指數分佈與對數常態分佈應用來解釋 IC 產品的壽命，在一些情況，有其一定的適合度。但工業界經常遇到許多數據，以這些統計模型來模擬似嫌不足，須借由經驗提出其它不同的統計模型，才能應付不同情況之需。這些工業界發展出來的統計模型之中，最常用到的就是韋伯分佈模型。

事實上，韋伯分佈是從指數分佈延伸出來的更一般性的統計模型。指數分佈成為它的一個特殊狀況。韋伯分佈的 pdf 由下式代表，

$$f(t) = \beta / t_o \, (t / t_o)^{\beta-1} \exp[-(t / t_o)^\beta] \tag{2-24}$$

式中 β, t_o, 及 t 皆為 > 0 的正數。t_o 為一與 t 相同物理因次（時間）的參數，正如式（2-1）中的 $1/\lambda$ 一樣。注意：當 $\beta = 1$，式（2-24）回到代表指數分佈的式（2-1）。所以說指數分佈是韋伯分佈的一個特殊狀況。

將 $f(t)$ 對時間從 0 到 t 積分一次，得累積分佈函數 CDF，

$$\begin{aligned} F(t) &= \int f(t)dt \\ &= 1 - \exp[-(t / t_o)^\beta] \end{aligned} \tag{2-25}$$

上式告訴我們，不管 β 為何值，當 $t = t_o$ 時，$F(t) = 1 - 1/e = 0.632$。亦即當 $t = t_o$ 時，群體中的 63.2% 已經故障了。所以，t_o 被稱為**特性壽命參數**（characteristic lifetime parameter）。

若將式（2-25）重整，並兩邊取對數一次，可得，

$$\ln(1 - F(t)) = -(t / t_o)^\beta \tag{2-26}$$

式（2-26）的兩邊取負號，並再取對數一次，得

$$\ln[-\ln(1 - F(t)] = \beta\ln(t / t_o) \tag{2-27}$$

若將式（2-27）的左邊整個稱為變數 y（$\equiv \ln[-\ln(1 - F(t)]$），則 y 與 $\ln t$ 之間也滿足如式（2-23）的線性關係，

$$y = \beta(\ln t - \ln t_o) \qquad (2\text{-}28)$$

$y - \ln t$ 圖也常被用來作為檢驗一組實驗數據是否可用韋伯分佈代表的輔助工具。我們還是可以沿用前面提過的方法，將實驗數據放在 $y - \ln t$ 的半對數圖上（見圖 2-11），如為韋伯分佈，數據應落在一直線上。其經過 $\ln t$- 軸的值就是 $\ln t_o$，而從直線的斜率可以決定參數 β。

依式（1-3），韋伯分佈模型的故障率可導出為

$$h(t) = \beta / t_o \, (t / t_o)^{\beta-1} \qquad (2\text{-}29)$$

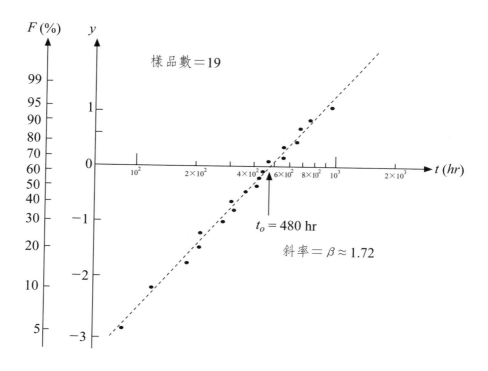

圖 2-11・韋伯分佈（虛擬）實驗數據的作圖示範

圖 2-12 繪出幾個不同 β 值的故障率與時間的變化關係。注意：當 $\beta <$ 1，故障率隨時間而減低，是所謂故障率收斂的情形，代表引起故障的原因在於局部的外質（extrinsic）因素所造成的缺陷而引起，經過一段時間之後，故障率顯著減少，即大部分有缺陷的群體已經故障出局，剩下的有缺陷的群體，即使還有，也是相對地大大減少了。當 $\beta = 1$，前面已經說過，回到指數分佈的情形，讀者可複習我們在 2.1 節中，對此種分佈有關其產品缺陷的按語，此處就不再重複贅言。當 $\beta > 1$，故障率隨時間而增加，是所謂故障率發散的情形，代表引起故障的原因隨時間而愈趨惡化。這通常代表產品群體已經使用很久，到達類似一些機械儀器在被長期使用之後因損耗而衰敗的階段，

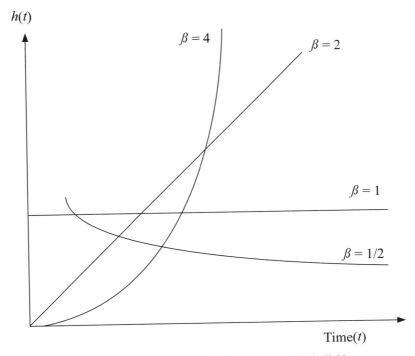

圖 2-12．韋伯分佈故障率隨時間的變化曲線

是整個群體的生存末期。這個階段的統計模型，也可以用對數常態分佈來描述。這在 2.2 節中臨結尾時已經談過了。

2.4　浴缸曲線（bathtub curve）

包括 IC 產品在內，產品大都在可使用生命週期內，因其故障率的不同，可分成三個特性時期。

2.4.1　早夭期（infant mortality period）

在產品群體使用初期，故障率從一個相對高點急速地降低（見圖 2-13）：這是因為有些產品個體，或因設計，或因製程的不良，產生

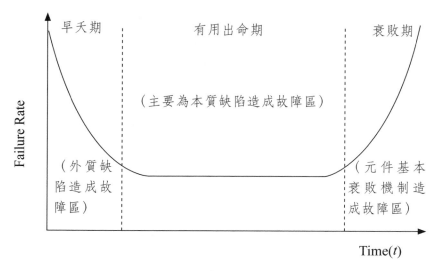

圖 2-13 · 浴缸曲線

外質缺陷，一因使用，在其壽命初期，就比其它同類提早故障，就像有缺陷的早夭兒一樣，故此一週期稱早夭期。通常因設計或製程的不良產生的缺陷之個體，只在群體中佔有限的一部分，因此早夭的故障率都由一相對高點迅速降低。

IC 產品的設計製造中，當然須要考慮如何避免或因設計，或因製程的不良，使產品暗藏缺陷。如果能使這種缺陷完全消失，理論上，就無早夭期。然而，隨著 IC 產品製程技術不斷地在尺寸上縮小，即使設計日益精進，但製程上的完美無缺卻益加困難。以今日的 IC 產品而言，其製程過程極為繁雜（相信從前一章的概述已可略窺其繁雜之一斑），要使產品群體完美無缺幾乎是不可能的。傾全力改良的製程，容或能降低早夭期的故障率，及其發生的期長，但不太可能令其消失。然而，早夭期的存在又不可能讓 IC 使用者所接受。所以，如何把具有早夭缺陷的產品過濾掉，使它們不致流落到使用者手裡，也就是說如何讓產品群體在製造廠內先行走完早夭期，是 IC 製造業者的挑戰性的工作。

IC 早夭產品的過濾不外借助兩個辦法。一是用電場、溫度等的加強來對產品全體作使用壽命的加速，使早夭品快速故障（即所謂的 burn-in）；另一是對產品全體作特殊測試（可參考 6.4 的討論），使過濾某類特殊缺陷特別有效。這兩個辦法通常是同時並用，才會達到較有效的結果。

不管那種辦法，IC 製造業者都會作先期研究，嘗試了解如何 burn-in 及作何種特殊測試，以期能最經濟而且最有效地把早夭產品完全過濾掉。

2.4.2 　有用生命期（useful life period）

在早夭期之後，通常進入可被使用的正常生命期，就是所謂有用生命期。在圖 2-13 中，這個時期，由浴缸曲線的中間一段的底部代表，是產品真正被使用的時期。在這個時期內，故障率很低，近乎常數。其故障之原因，概因一些難於避免的本質原因而起。但有時也有可能肇因於非常低密度、隨機存在的外質缺陷。這種缺陷基本上是與造成產品的早夭有基本的不同。這與人類在從嬰兒期長大以後的少、青、壯年時期，也有可能因先天、後天不良的體質因素而有一定的死亡率是類似的。

IC 產品的**軟性錯誤**（見 3.6 節，soft error）是有用生命期中屬於難於避免的本質原因而引起故障的好例子。軟性錯誤乃因 α 粒子及宇宙射線穿透 IC 產品，引起電性干擾而造成的錯誤。這種錯誤可謂短暫的故障，只要產品再經電性重新調整，就會恢復正常。所以，軟性錯誤的短暫故障並非致命的，但在產品操作上仍然是可靠度的問題。因為 α 粒子及宇宙射線在任何時地是隨機存在的，所以軟性錯誤的故障率近乎常數。

當然，有用生命期中的低而近乎常數的故障率，也有可能肇因於非常低密度、隨機存在的外質缺陷。事實上，在此種狀況，有用生命期可視為早夭期的尾巴的延長。早夭期一達到其末期，可能有些難於完全過濾掉的具有外質缺陷的產品仍然倖存。以缺陷密度而言，相對於初期，是相當的低，而缺陷的嚴重程度也較為輕微，這使得它們還能夠倖存，拖到早夭期的後面尾巴，以低而近乎常數的故障率出現。實際上，這是通常比較可能發生的狀況；也就是說，所謂可用生命

期，常常可能是早夭期拖了很長時間且打不掉的尾巴而已。

2.4.3 衰敗期（wear-out period）

萬物，不管有無生命，遲早終有衰敗的時候。有用的生命期並不可能無限延伸。一旦走到衰敗期，故障率隨著時間而增加，如圖 2-13 中浴缸曲線的右邊上升部分所示。生命終會走向衰敗是生命學自古研究的基本問題；而 IC 產品終究會走向衰敗也是 IC 產品可靠度研究的基本問題。造成 IC 產品衰敗的一些基本可靠度問題，我們將在下一章專章討論。

一般人一直致力於健康以延長壽命，就是為了延緩衰敗期的出現，也就是要讓有用生命期更加長久。對 IC 產品而言，我們也希望有用生命期夠長久（依現在 IC 業界的標準以很低可被接受的故障率被使用十年）。所以，半導體可靠度物理的重要內涵就是去了解半導體 IC 產品的基本衰敗機制，並尋求延緩這些機制之道。

浴缸曲線代表的三個生命期的故障率變化曲線，都可用韋伯分佈來模擬。三個時期，從早夭期到衰敗期，分別對應於 $\beta < 1$，$\beta = 1$，$\beta > 1$ 的情形。這從前面幾節的論述已經清楚明白，此處當不必重複。只是有兩點必須補充說明。一、在衰敗期中，故障率發散的狀況，可用 $\beta > 1$ 的韋伯分佈模擬，但也可用對數常態分佈模擬。我們在這一章的前面說過，前者以工程經驗為基礎，後者則以統計理論為基礎。兩者用來解釋大部分有限樣品的數據都一樣的合理有效。除非適用在很大的樣品的群體時，二者在 CDF 很小（接近 0%）及很大（接近 100%）的極端狀況，才會比較明顯地顯現出歧異。至於，那一個

分佈模型才是比較正確的代表，則無定論。不同主題得到的不同數據也許會導致不同的結論。二、在有用生命期中，因故障率為近乎常數，其統計模型可用指數分佈代表。在指數分佈模型裡，故障率就是 λ（式 2-3）。而 λ 的倒數又等於 MTF（式 2-5）。因為有用生命期中的故障率通常很小（譬如：$\lambda = 100\text{ppm/yr}$，即每年有 0.01% 的產品故障）。所以，MTF 通常是一個很長的時間（譬如：當 $\lambda = 0.01\%/\text{yr}$，MTF = 10,000 yrs，這麼長的時間有點像考古學或天文學裡的年代？）。事實上，遠在達到 MTF 之前，產品群體早已進入衰敗期，而且極可能早已大部分陣亡。所以，在產品的有用生命期中，引用 MTF 這個參數，嚴格來說，是沒有意義的；當然，這並不表示故障率也是一個沒有意義的參數。

前面說過，韋伯分佈是從指數分佈加以推廣的經驗分佈模型。這種經驗推廣使它變成很有實用價值的分佈模型；僅僅改變其中的參數 β，就可涵蓋浴缸曲線中故障率隨時間變化的不同特性區段。但雖然如此，我們也說過，從純理論的觀點，對數常態分佈才是描述自然衰敗過程的壽命模型。所以，至少在衰敗期的區段裡，韋伯分佈之可以像對數常態分佈一般的有效運用，應該只是「純屬巧合」──只因為它也可描述故障率發散的情況──罷了。

在此，我們試溫習一下圖 2-9 中，幾個不同形狀因子時的對數常態分佈中故障率隨時間變化的特性曲線。注意：這幾個特性曲線告訴我們：對數常態分佈群體的故障率在初期都是增加的，到了群體幾乎已經幾乎全部故障殆盡（有數10%以上的 CDF）了，故障率才開始降低。這我們在前面也已經提過。而且，形狀因子愈大者，故障率的增加與降低愈早出現。以圖 2-9 中的 $\sigma = 3$ 為例，t 在不到 t_{50} 的

十分之一的時間點之前，故障率就已超過其最高點而開始降低。有些
書竟據此而言，對數常態分佈也可用來描述早夭期故障率的變化曲
線。事實上，對數常態分佈之為一有用的可靠度壽命模型，端在其描
述衰敗期的初期，而不在末期——因為已經接近完全衰敗的群體，絕
非任何有用的可靠度模型興趣之所在。所以，如果因變化 σ，使對數
常態分佈中故障率隨時間變化的特性曲線（參考圖 2-9），看起來類
似韋伯分佈中因變化 β 而產生故障率隨時間變化的特性曲線（參考圖
2-12），就以為二者其實是互可通用的，那就真的是太望圖生義，把
不同的壽命分佈模型的原始意義完全拋諸腦後了。

參考文獻

1. K C Kapur and L R Lamberson, *Reliability in Engineering Design*, John Wiley, New York, 1977

2. J F Lawless, Statistical Models and *Methods for Lefetime data*, Wiley, New York, 1982.

3. N R Mann, R E Shafer, and N D Singpurwalla, *Methods for Statistical Analysis of reliability and Life data*, Wiley, New York, 1974.

4. I Miller and J E Freund, *Probablity and Statistics for Engineers*, Prentice Hall, New Jersey, 1977

5. M Ohring, *Reliability and Failure of Electronic Materials and Devices,* Academic Press, USA, 1998.

6. A G Sabnis, VLSI *Reliability*, Academic Press, 1990.

第 *3* 章

半導體 *IC* 元件的
基本可靠度問題

　　在這一章，我們將介紹半導體 IC 產品元件內的一些基本可靠度問題。為人熟知的半導體 IC 元件基本可靠度問題包括：氧化層崩潰（3.1 節），電晶體的不穩定度〔3.2 節；包括**離子污染**（ion contamination）、**熱載子射入**（hot carrier injection，簡稱 HCI），及**負偏壓溫度不穩定度**（negative bias temperature instability，簡稱NBTI）〕、金屬導體的**電遷移**（electromigration，簡稱 EM，3.3 節）與**應力遷移**〔stress-migration，簡稱 SM；或稱**應力引發空洞**（stress induced voids，簡稱 SIV，3.4 節）〕、**靜電放電**（Electrostatic Discharge，簡稱 ESD）引起的潛藏傷害（3.5 節）、CMOS 寄生二極體引起的電路**閂鎖**（latch-up）及其可能傷害（3.6 節）、及 α 粒子造成的軟性錯誤（3.7 節）等。這些可靠度問題有些是壽命末期的衰敗現象，是引起浴缸曲線後期上升部分的物理機制，像本質缺陷造成的氧化層崩潰、金屬導體的電遷移等屬於此類；有些是元件電路發生了應該避免，卻沒有避免而傷害到結構，導致使用過程中發生故障的物理事件，譬如 ESD、電路栓鎖等，或即使 IC 產品並未經使用而內部材料結構產生了改變，如金屬導體的應力遷移。另外，α 粒子造成的軟性錯誤，這是 IC 產品的一種暫時性的本質故障，上一章提過了。我們將在括號內所註各節中就這些問題嘗試一一作深入淺出的介紹。

3.1　**氧化層崩潰**（oxide breakdown）

　　在半導體 IC 製程造成的結構中，氧化層主要指閘極矽氧化層，

故本節提到氧化層時，概指閘極矽氧化層而言。MOS 電晶體及電容器藉它而運作，可以說是半導體 IC 產品的結構核心。所以氧化層的**完整性**（integrity）及可靠度對 IC 產品的重要性自不待言。有關這方面的文獻可說車載斗量，非常豐富。本節，希望能從浩如湮海的材料中盡量濃縮出一個精簡的解說。

影響氧化層完整性最重要的可靠度問題就是**氧化層崩潰**〔oxide breakdown〕。即使沒有任何外質缺陷（extrinsic defects），氧化層，經由製程，不可避免地，一定帶有一些不同的帶電中心。一般可分為**固定電荷**（fixed charges）、**內部電荷陷阱**〔bulk traps，主要由斷裂的矽-氧（Si-O）鍵所構成〕、**界面態**〔interface states 主要由在界面斷裂的矽-氧（Si-O）鍵或矽-氫（Si-H）鍵所構成〕、以及**可動離子**（mobile ions）等。嚴格說，這些帶電中心也是缺陷，相對於外質缺陷，是氧化層很難避免的本質缺陷。是導致氧化層本質崩潰的罪魁禍首。

氧化層基本上是絕緣體，是不導電的物質，亦即在外加電場之下，雖有導電，其電流極為微小，對於相關元件的運作影響，通常可以被完全忽略掉。但如果氧化層達到所謂氧化層崩潰的狀態，漏電流或增加了幾十個百分點到約二個數量級左右，以致元件的運作效果退化；或增加了更多的數量級，氧化層結構遭到成為一如短路的物理破壞，相關元件存在的部份線路可能因此完全失效。前一種氧化層崩潰的情況稱為**軟崩潰**（soft breakdown），後一種情況稱為**硬崩潰**（hard breakdown）。

有一個描述閘極氧化層，因氧化層崩潰，在物理結構上進行變化的簡單模型。此模型，有助於我們透視並理解氧化層崩潰發生的物理

內涵。為了易於圖解，我們且以圖 3-1 與 3-2 的二維平面，代表氧化層的縱向截面來扼要描繪此模型。實際上，氧化層是一個三維空間的立體結構。但讀者若將二維平面的模擬圖予以推展擬想成三維空間的狀況，應該不是很難的事。圖 3-1a 的氧化層中，繪有代表隨機分佈的一些電荷陷阱的缺陷（包括內部電荷陷阱與界面電荷陷阱）。這些隨製程而俱來的電荷陷阱密度通常不高，很難連結成一氣，造成導電的通路。

如果氧化層由於相關元件的運作，一直處於外加電場之下，Si-O 鍵或 Si-H 鍵不斷地受到外來能量的傷害，內部及界面的電荷陷阱就會持續增加。最後，可能使電荷陷阱緊密重疊，構成從閘極到矽基板的電荷陷阱可完全連結起來的連續通路（見圖 3-1b）。當這通路形成時，就是氧化層到達軟崩潰的狀態。閘極氧化層的漏電流可以因此增加幾十個百分點到兩個數量級左右。

在達到軟崩潰之後，如氧化層繼續處於外加電場之下，大部份的漏電流會延著電荷陷阱連結起來的通路通行。其結果，使這條通路容易發熱，並使通路附近分子的矽-氧鍵容易斷裂。繞著這條通路的附近，便產生更多的電荷陷阱（見圖 3-2a）。更多的電荷陷阱導致更大的漏電流，更大的漏電流又導致更大的發熱。這種正向回饋式的循環，最後會導致**熱暴衝**（thermal runaway）。其結果是，繞著這漏電通路的一定範圍內，溫度可竄升到使複晶矽的固態熔解，並釋出氧氣；原本的漏電通路便留下一條清楚可辨的矽熔解細絲。閘極與矽基底就電性短路了（見圖 3-2b），漏電流可以增加好幾個（≫ 2）數量級。此時，就是氧化層到達硬崩潰的狀態。

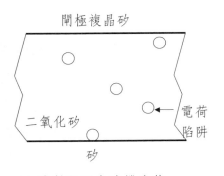

(a) 隨製程而來隨機分佈
　　的電荷陷阱

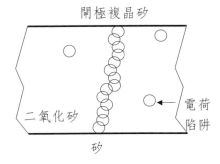

(b) 軟性崩潰時電荷陷阱
　　的分佈

圖 3-1・牽連模型──氧化層的軟崩潰

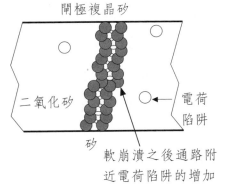

軟崩潰之後通路附
近電荷陷阱的增加

(a) 軟崩潰後的電荷陷阱分佈

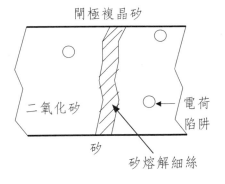

矽熔解細絲

(b) 硬崩潰時的短路狀況

圖 3-2・牽連模型──氧化層的硬崩潰

　　以上述模型為基礎發展出來的有關氧化層崩潰的數學模型，稱為**牽連模型**（percolation model）。它將氧化層分割成許多小立方體的堆積，就像兒童遊戲場裡常常看得到的攀登架的幾何結構。每一個小立方體基本上以可含有少數的電荷陷阱為原則。所以它每邊的

長度在 10Å 上下之譜。當一小立方體中有一電荷陷阱被佔據了，該小立方體就可以導電。假如每小立方體含至少一電荷陷阱被佔據的機率相同，為一已知數，則理論上，可以計算出達到氧化層崩潰的對應機率。但因為這是在三維空間中尋找含至少一電荷陷阱被佔據的小立方體能隨機連結起來的問題，解析上，即使不是不可能，也自有其一定的難度。所以，解析上，通常將其簡化為二維問題。如此，似乎也能得到一些合理的結果。但將三維的問題簡化為二維的問題，畢竟其基礎是薄弱的。就三維的問題本身，因為解析的困難，通常就訴諸電腦作隨機取樣的**蒙帖・卡羅數值計算**（Monte Carlo numerical calculation）。從這樣的計算獲得一些重要的結果，譬如：氧化層崩潰的故障率對每小立方體至少有一電荷陷阱被佔據的機率成韋伯分佈。因為每小立方體至少有一電荷陷阱被佔據的機率顯然正比於加一定電場產生漏電的時間，所以也可以說，氧化層崩潰的壽命為韋伯分佈。（注意：前一章說過，在有限的樣品數限制下，韋伯分佈與對數常態分佈是不易分辨的）。另一重要的結果是，此韋伯分佈的平均壽命，及其中代表分佈斜率的參數 β (> 1)，隨氧化層厚度減少而降低。氧化層厚度趨近於一層小立方體厚度時，β 趨近於 1，也就是說小立方體厚度是氧化層厚度的極小極限。這些結果似乎都與實驗所得的數據吻合。

牽連模型只能告訴我們在同一群體中，氧化層崩潰的壽命為韋伯分佈，但卻不是預測氧化層壽命的模型。這主要因為牽連模型的內涵並沒有提供出氧化層壽命與外加電場之間的關係。

如外加電場加強，經氧化層的漏電流會增加，因此可以猜想到，氧化層壽命會隨外加電場的加強而縮短。如果沒有任何外質缺陷，外

加電場增強到某一強度，氧化層會有一個瞬間（與測量機台時間的解析度有關，一般而言，指約 1msec 的壽命）崩潰的本質電場強度，稱為**本質崩潰電場**（intrinsic breakdown electric field），對應的電壓稱為**本質崩潰電壓**（intrinsic breakdown voltage）。氧化層在外加電壓或電場達到此崩潰值時，經過的漏電流會瞬間（～1msec）增加好幾個數量級，即氧化層達到硬崩潰的狀態。

除了前面提到的內部電荷陷阱與界面電荷陷阱的本質缺陷，氧化層還可帶有**固定電荷**（fixed charges）、以及**可動離子**（mobile ions）的本質缺陷。固定電荷會「固定」地改變臨界電壓，應該加以控制，但對可靠度較無影響。可動離子則會不斷改變 MOS 元件的電性參數，是我們在 3-2-1 節會討論到的題目。

至於外質缺陷，概由製程的不完美造成，這應是十分容易了解的。離子植入、蝕刻（etching）、環境、操作員、機器等導入的**顆粒物**（particulates）及污染，是造成缺陷可能的來源。缺陷的內容包括**隆塊**（bumps）、**空洞**（voids）、**針孔**（pinholes）、**裂隙**（cracks）、顆粒物、氧化沉積物等。這種缺陷因會增強地域性電場強度，當然弱化氧化層的介電能力。其崩潰電壓或電場值比其起本質崩潰電壓或電場，因此相對的降低。圖 3-3 描述大量 MOS 電容器所測得的崩潰電場強度的標準分佈狀況。

從圖 3-3 中看到的主要的群體（又稱 mode C）分佈，即最右方的似鐘形曲線的部分，就是來自本質崩潰，具較高崩潰電場的群體。它與外質崩潰的群體很明顯地可以區分開。外質崩潰的群體之中又可以再區分成兩個部分：群體 I（又稱 mode A）──在打開低電壓的瞬間過程就崩潰的群體；這部分就產品而言，會反應在良率的損失上。

群體 II（又稱 mode B）——介於本質崩潰的群體與群體 I 之間的群體；此群體須要一定的電壓始能崩潰。因有外質缺陷，其崩潰電場一般比本質崩潰電場低。群體 II 所帶有的缺陷乃是導致早夭期故障的可能原因之一。此類群體就是 IC 製造者在出貨前要努力設法刷掉的部分群體。而具有本質崩潰電場的群體，它們在操作電壓之下，最後乃經衰敗過程走到其生命的終結。

前段所言，顯然表示氧化層有用的壽命與其外加電場及其崩潰電場有某種的關係。從經驗累積，這個關係可以近似寫成，

$$t_{BD} \quad \propto \quad \exp[a\,(E_{BD} - E)] \qquad\qquad （3\text{-}1）$$

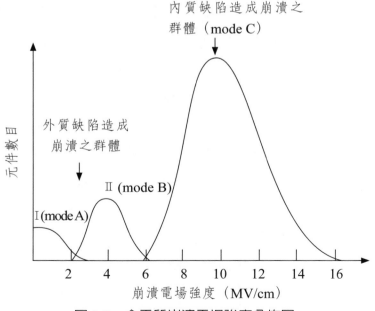

圖 3-3・介電質崩潰電場強度分佈圖

式中，*a* 為一具電場倒數的物理因次常數。式（3-1）告訴我們，外加電場等於崩潰電場時，氧化層即瞬時崩潰，有用壽命為近乎零。當外加電場降低，有用壽命隨著 $E_{BD} - E$ 的增加而指數增加。這個壽命與外加電場的關係被稱為**線形電場模型**（linear electric-field model）。

　　上面所述純為經驗觀察累積的推演，缺乏理論的基礎。這裡，我們要討論一下另一理論推導的氧化層壽命模型。從前面的敘述，氧化層的崩潰可以是一種早夭，也可以是一種衰敗的過程，端視氧化層含有的缺陷為外質或本質而定。氧化層雖為絕緣體，但依據量子力學，電子在外加電場之下，可穿透界面的能量阻隔，從陰極進入氧化層，經由電場的驅動，構成所謂的 Fowler-Nordheim **穿隧電流**（tunneling current，見圖 3-4）。經量子力學理論的推演，Fowler-Nordheim 穿隧電流密度與 *E* 的關係遵守下式，

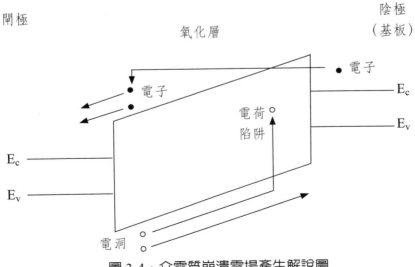

圖 3-4・介電質崩潰電場產生解說圖

$$J \propto E^2 \, exp\,(-A/E) \qquad\qquad (3\text{-}2)$$

因 J 隨 E 的變化，由 E^2 項引起的，比起指數項微弱許多，所以通常將 E^2 引起的變化忽略掉，而將式（3-2）簡化成，

$$J \propto exp\,(-A/E) \qquad\qquad (3\text{-}3)$$

Fowler-Nordheim 穿隧電流中的電子，在電場的驅動之下，可捕獲足夠的動能，與氧化層晶格造成**撞擊游離**（impact ionization），而產生電子—電洞對（參考圖 3-4）。因此產生的電子繼續向陽極前進，最後為陽極所收集。電洞則向陰極回行。在回行程中，電洞就可能掉落在氧化層中與本質缺陷或外質缺陷有關的電荷陷阱內，或以其能量，產生更多的本質缺陷或外質缺陷。此後，達到崩潰狀態的過程就如前面牽連模型之所述了。

假設前面提到的撞擊游離產生的電洞數正比於穿隧電流密度（設正比常數為 α）。又假設被陷阱拘捕的電洞數正比於撞擊游離產生的電洞數（設正比常數為 η），則被陷阱拘捕而造成崩潰（當陷阱足以連成一導電路徑時）的臨界電荷數（Q_c）可寫成，

$$Q_c = \alpha\eta \, J \, t_{BD} \qquad\qquad (3\text{-}4)$$

如果 Q_c 為一常數（請讀者自行思考研判這所謂常數的意義），上式告訴我們 t_{BD} 與 J 成反比，也就是說〔套用式（3-2）〕，

$$t_{BD} \quad \propto \quad exp\left(A/E\right) \tag{3-5}$$

此結果與式（3-1）大異其趣；指數項中的引數（argument），
不是正比於 E 而是反比於 E。所以，這個理論模型又稱**倒電場模型**
（reciprocal electric-field model），以有別於線形電場模型。到底這
兩個模型何者比較正確呢？或說何者比較能夠解釋真正的數據呢？從
文獻報告看起來，線形電場模型準確地解釋小於 10MV/cm 電場強度
的壽命數據，而倒電場模型準確地解釋大於8MV/cm電場強度的壽命
數據（參考圖 3-5）。所以，可說二者各有擅「場」。現在一般將二
者合併起來，相提並論。理論家也有嘗試，希望用一個統一的理論解
釋較廣電場強度範圍的氧化層壽命。本書不擬對此部份多所著墨。

對氧化層加一外加電場 E，經由 Fowler-Nordheim 穿隧電流
不斷的通過對之施壓，以至崩潰，以求 t_{BD}，或 Q_{BD}（崩潰電荷 $\cong$
Jt_{BD}）的測試方法或實驗，稱為 **TDDB**（Time-Dependent Dieletric

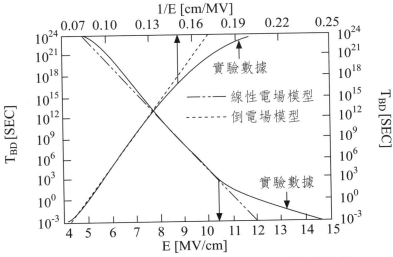

圖 3-5 · 線性電場模型、倒電場模型與數據的比較

Breakdown）測試或實驗，是工業界驗證氧化層完整度的一重要依據。

TDDB 實驗往往須要很長的時間。實驗的設計包括用至少三組不同的電壓及至少三組不同的溫度，每一組所用的樣品數都要夠大，以足以作出對數常態分佈（或韋伯分佈）套合，並藉之擷取出對數常態分佈（或韋伯分佈）中的重要參數（即中間值 *u* 及形狀因子 *σ*，參考式（2-16）；或時間參數 t_o 及 *β*，參考式（2-24））為原則。

參數 *u* 及 *σ*（或參數 t_o 及 *β*）一經得知，任何累積故障百分點的有用壽命就可延伸預測。如果我們對不同電場的三組樣品的壽命分佈都作了對數常態分佈套合，並藉此決定各組在同一累積故障百分點的壽命，則由式（3-1）、（3-5），線性電場模型、倒電場模型中的幾個參數便可以擷取決定。

同樣的方法也可應用在三組不同溫度樣品的壽命分佈上。氧化層有用壽命與溫度的關係通常相信滿足所謂的 **Arrhenius 方程式**（Arrhenius Equation），如下：

$$t_{BD} \quad \propto \quad exp（Q / kT） \qquad\qquad （3\text{-}6）$$

Q 為**激化能量**（activation energy）。

從三組不同溫度在某一累積故障百分點的壽命，*Q* 可由式（3-6）決定。則理論上，氧化層群體在任一累積故障百分點的壽命就可延伸預測。

即使慎選加速條件（如高電場、高溫度），但為了取得整組樣品的數據，通常 TDDB 測試需要很長時間才能完成。為了減少實驗的時間，便有藉以階梯式方式不斷提高電場以快速達到氧化層崩潰的測

試方法的出現。為了更快速取得數據，階梯式方式的提高電場，也有不以線形倍率，而以指數倍率增加者。這種以階梯式指數倍率提高電場以快速達到氧化層崩潰的測試方法，通常可以在不到一秒內使氧化層崩潰。如此快速的測試很適合在晶片上不必加溫就可執行，不像傳統長時 TDDB 測試只能作在封裝的元件樣品上。比起後者，前者省時省錢省力多了。當然，根據這種快速測試法獲得的數據去延伸預測在通常運作時元件的有用壽命，必須假設式 3-5（即倒電場模型）在階梯式提高過程中用到的高電場範圍內都成立。

筆者在任職 UMC（1997-2000）的時候，曾經帶領其可靠度研發團隊，開發出一套在晶片上快速評估半導體製程可靠度能力的系統。當時，通稱此系統為 fWLR，代表 fast Wafer Level Reliability 幾個英文字。其中，有關評估氧化層製程可靠度能力的部分就是建立在上述階梯式指數倍率提高電場以快速達到氧化層崩潰的測試方法，獲得很好的結果。這成績曾經發表在 1998 *國際可靠度工作坊*（*International Reliability Workshops*）會議上。讀者如有興趣，可參考相關文獻。

3.2 電晶體的不穩定度

MOS 電晶體的穩定度一直是半導體可靠度工程師煩惱的問題。從 IC 產業發展的歷史來看，先後有三個主要造成 MOS 電晶體不穩定的可靠度問題困擾著可靠度工程師。其一為離子污染；其二為熱載子射入（HCI），其三為負偏壓溫度不穩定度（NBTI）。離子污染是製程中污染造成的問題，在 70 年代以前困擾著製程及可靠度工

程師有一段長時間。後來，雖然有了解決的辦法，但如果製程線上品質控制有疏漏，還是很容易造成污染，大批 IC 晶片可能受到影響，是嚴重的可靠度問題。筆者曾任職過的一半導體製造公司，雖然已到了 90 年代，就曾經發生好幾批 IC 晶片受到離子污染的嚴重問題。整條生產線因此被迫停工，直到污染源完全追出，並阻絕為止。熱載子射入及負偏壓溫度不穩定度（此後將盡量簡化，以英文縮寫 HCI 及 NBTI 代表）都屬於 MOS 電晶體本質的衰敗問題，隨著 IC 製造尺寸的縮小，其嚴重度愈發顯著。HCI 從 80 年代就受到普遍的注目、研究，獲致相當程度的了解。NBTI 雖早在 60 年代就被注意，但到了 90 年代末期，由於技術層面發展進入次微米（sub micron-meter）階段，PMOS 電晶體才漸漸顯露出此問題的不可被忽視的程度。從那以後，逐漸增多的研究陸續投入此問題。希望深次微米（Deep submicron-meter）階段的 IC 製品，對此可靠度問題，能加以更有效的控制。

3.2.1　離子污染

半導體製程線上潛藏著一些帶有鹼性金屬（如鈉 sodium、鉀 potassium、鋰 lithium）離子的可能包括環境、設備、材料、作業員等的污染源。而且鹼性金屬是自古常摻用在二氧化矽中，幫助其形成玻璃的物質。在 IC 製品裡，能量上來講，矽比較有利於與氧結合，容易釋出鹼離子，使其成為可到處遊走的的**可動離子**（mobile ions）。其中尤以鈉離子，因**可動度**（mobility）高，在氧化層中，受到外加電場的驅動，即使在室溫之下，也容易擴散，造成相對嚴重

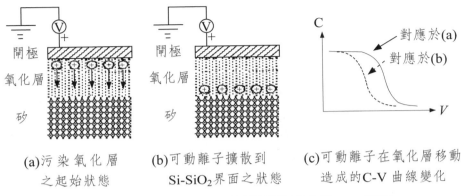

(a)污染氧化層　　　(b)可動離子擴散到　　　(c)可動離子在氧化層移動
　之起始狀態　　　　　Si-SiO₂界面之狀態　　　　造成的C-V曲線變化

圖 3-6‧閘極氧化層受可動離子污染產生的 C-V 變化

的 MOS 電晶體不穩定度。尤有甚者，鈉離子不能穿透矽晶格，所以在 NMOS 閘極的正電壓驅動之下，就累積在 Si-SiO₂ 的界面，造成對 NMOS 臨界電壓的最大改變。圖 3-6 (a)，(b)，及 (c) 描述解說鈉離子在閘極氧化層中的移動造成 C-V 曲線向負電壓方向移動的情況。

60 年代的半導體工程師花了很長一段時間才確認造成 NMOS 不穩定的問題的根源 — 鈉離子。一經確認，首先著手努力的，當然是去移除可能的污染源。這包括與人體接觸機台的各種清潔的改善、爐管的清理，以避免鈉離子侵入矽晶片的氧化層。但最直接有效的方法莫過於採用了佈植有磷的氧化層。在沉積閘極的複晶矽之前，先讓閘極氧化層暴露在含磷的環境中，磷的氧化層（簡稱 PSG）就形成了。PSG 層有如鈉、鉀等鹼性金屬離子的陷阱，一旦被其捕捉，就很難脫身。因此，PSG 層的引入基本上可以控制 NMOS 因鈉離子侵入造成的不穩定問題。其穩定機制大致上如圖 3-7 所描述。

然而 PSG 層的鋪設雖然容易，也有一定的效果，卻也有它嚴重的侷限性。因為通常 PSG 層只有 100-200Å，如果鈉離子濃度高，總

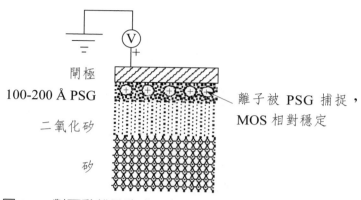

閘極

100-200 Å PSG

二氧化矽

矽

離子被 PSG 捕捉，
MOS 相對穩定

圖 3-7・對可動離子造成 MOS 不穩定的早期解決辦法之一

有些鈉離子會在閘極電場的驅動下，穿透 PSG 層，仍然跑到 $Si\text{-}SiO_2$ 界面，造成不穩定問題。考慮增加磷濃度以對應，卻延伸另外的問題。磷濃度高，PSG 在外加電場之下，**極化**（polarization）程度亦高，也會造成臨界電壓的變化。而且，PSG 層雖然位近閘極，到底介於閘極與矽基板之間，提高磷濃度，以拘捕更多鈉離子，也就拘捕更多的正電荷於閘極與基板之間，這種做法本身對降低臨界電壓還是難免推波助瀾，並非一勞永逸的作法。

解決之道是把 PSG 層移到閘極之上，通常是在 MOSFET 已經形成之後，或作為金屬層／複晶矽層之間的氧化層，或作為元件最上層的保護層，利用**化學氣相沉積法**（chemical vapor deposition, CVP）沉積 PSG 層。這樣，PSG 層可以做得很厚，磷濃度也可以壓低，以避免受極化影響。PSG 移到 MOSFET 之上，還有另一附帶好處。含磷的玻璃，熔點比純矽氧化物更低很多，在更低的溫度就會軟化。所以，用 PSG（後來用 BPSG）作為 MOSFET 之後的介電質，相當有助於 IC 製程的平坦化（planarization）。

BPSG 中取自自然界的硼（B, Boron）為含有 20% 對 80% 比例的 B^{10} 與 B^{11} 二種同位素。前者能與熱中子（thermal neutron，主要為來自高空宇宙線高能量粒子與其它粒子反應產生的次粒子）產生核子分裂反應，而分出 α- 粒子。在 3-7 節中，我們會講到這樣分出的 α-粒子可引起軟性錯誤，因此 BPSG 中的 B 須要除掉 B^{10}，只含 B^{11}，以避免 BPSG 成為造成軟性錯誤的源頭。經過如此處理的硼，稱為**過濾硼**（depleted boron）。

經過上述製程技術的發展，到了 80、90 年代，可動離子污染問題已經很少在文獻上再被提及。但這並不表示 IC 製造者可對此問題視若無睹，高枕無憂。現代的半導體製程，不管前段，或後段，仍然有一些產生鹼性離子的高污染源，製程線上須小心處理，避免污染源進入晶片，甚至於到達其內部，經由缺少保護的路徑，侵入 MOSFETs，造成無法控制的可靠度問題。

3.2.2　**熱載子射入**

MOSFET 作為 IC 製品的開關元件，其導電、斷電機制的穩定與否，自然非常重要。MOSFET 要能夠電性穩定，首先要能夠讓電載子永遠只在應該流動的路徑上流動。如果載子跑到不應該存在的地方，譬如閘極氧化層裡，因載子載有電荷，其效果就一如前述的可動離子一樣，會改變 MOSFET 作為開關的特性。如果這種載子行動的脫軌行為一直隨著 MOSFET 的操作而存在，其開關特性就持續改變，可導致 IC 線路的故障。熱載子射入（HCI）就是一種能使載子脫軌的基本機制，也可以說是 MOSFET 一種與生俱來造成本質衰敗

的機制。

在熱平衡狀態，也就是在某一定溫度之下，是無所謂「熱」載子的。因為載子，不論電子或電洞，持續放出及吸收**聲子**（phonons，即與低頻振動的晶格不斷碰撞的量子化說法），其平均能量的變化為零。載子平均僅具有約 $\sim kT$（= 0.026eV 如 $T = 300$ K）的熱能。就電子而言，這表示大部分位於僅比導電帶底部（E_c）高 $\sim kT$ 能量的能階之內。相同地，就電洞而言，這表示大部分位於僅比價電帶頂部（E_v）低 $\sim kT$ 能量的能階之內。然而，當有外加電場的時候，載子在吸吐聲子之間，不再處於熱平衡狀態，而從電場獲得能量。如果載子與聲子作用（指放出或吸收聲子）的**平均自由徑長**（mean free path）為 λ，則載子在電場 E 中獲得的平均動能為 $qE\lambda$。載子在矽晶格中的 λ，大概在幾百 Å 左右，所以，載子在 10^6V/cm 的電場中，可獲得幾 eV 的動能，這比平均熱能大了好幾十倍，故稱熱載子。

在 MOSFET 裡，當閘極打開時，載子沿表面通道（就被今日業界廣泛應用的 MOS 技術裡的元件而言，表面通道也就是所謂的**反轉層** inversion layer），由源極向汲極流動（見圖 3-8）。如果 MOSFET 是在**線性模態**（linear mode）操作，即 $V_{DS} < V_{GS}$，載子可能在臨近汲極時，經由通道方向的高電場獲得前段所言的成為熱載子的能量。在線性模態裡，當 V_{DS} 與 V_{GS} 約略相等時，電場的分佈最有利於熱載子的射入氧化層（此可從圖 3-9 看出，因 $V_{DS} \sim V_{GS}$ 時，I_G 曲線達到最高點）。一旦進入氧化層，熱載子就有機會打斷 Si-H 或 Si-O 鍵，造成電荷陷阱，或被陷阱補捉，累積一定量之後，導致 MOSFET 的電性飄移。這種 HCI 稱為**通道熱載子射入**（channel hot carrier injection，簡稱 CHCI）。

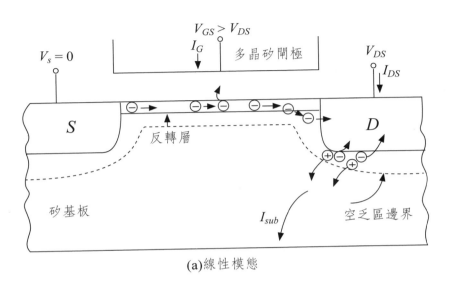

(a)線性模態

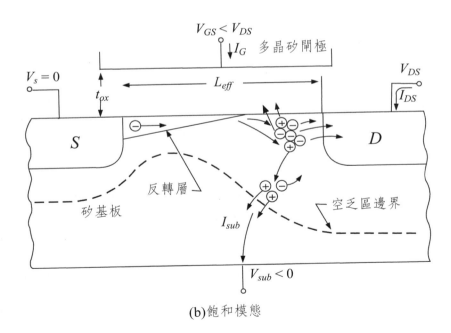

(b)飽和模態

圖 3-8・MOSFET 在線性模態及飽和模態之描繪

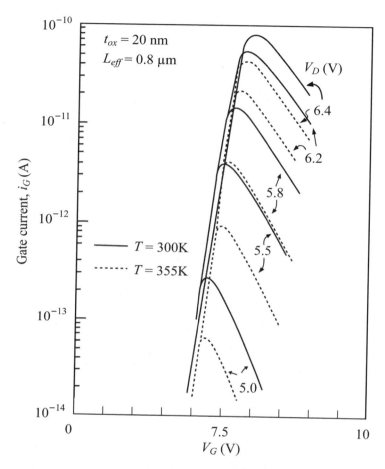

圖 3-9・MOSFET 閘極電流隨 V_{DS} 及 V_{GS} 之變化情形
（取材自參考文獻20）

如果 MOSFET 是在**飽和模態**（saturation mode）操作，即 $V_{DS} >$ V_{GS}，靠近汲極的 PN 接面，會有一帶有更高電場的**空乏區**（depletion region）。在這個區域裡，不僅載子可能從電場獲得能量成為熱載子，還可經由撞擊游離，產生更多成對的電子—電洞對的熱載子。這樣產生的熱載子，稱為**雪崩熱載子**（avalanche hot carriers）。雪崩

熱載子既含熱電子，也含熱電洞，二者皆可能射入氧化層內，這種 HCI 稱為**汲極雪崩熱載子射入**（drain avalanchel hot carrier injection；簡稱 DAHCI）。從實驗分析知道，當 $V_{GS} = 1/2\ V_{DS}$ 時，DAHCI 造成的衰敗效應最為嚴重。這從圖 3-10 中，I_{sub}（基板電流，substrate current）的特性曲線可以看出。基板電流的產生，主要從雪崩現象而來。當電子—電洞對經由撞擊游離產生，基板中的多數載子（如為 NMOS，即電洞）大部分為基板所搜集，是為基板電流。當 $V_{GS} \ll V_{DS}$ 時，V_{GS} 的增加，基本上，使反轉層的通道電流增加，亦即使產生雪崩現象的載子源增加。但這同時，靠近汲極的空乏區卻隨著收斂。兩個效應合併的結果，使得 I_{sub} 的最大值就發生在 $V_{GS} = V_{DS}/2$ 的情況。此時，汲極的空乏區裡，有最多的電子—電洞對的熱載子。這兩種不同電性的熱載子，雖走不同的路徑，但都有機會跨越 Si-SiO₂ 的屏障，進入氧化層，造成最嚴重的 HCI 不穩定現象。

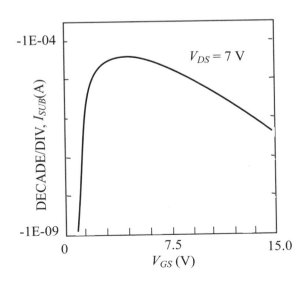

圖 3-10・基板電流（在 $V_{GS} \approx 1/2\ V_{DS}$ 達到最高點）

　　圖 3-9 也透露一個不能忽視的重點；就是高溫（355 °K）時的閘極電流比低溫（300 °K）時低。這是因為高溫時，電載子與聲子的互相作用（或電載子與矽晶格的碰撞）比較頻繁，電載子的平均自由徑長縮短，從電場獲得的能量相對減少的緣故。所以，熱載子造成的可靠度問題，與其它大部分可靠度問題不一樣，反而是在低溫的時候，比較要讓工程師傷腦筋。

　　熱載子引起的電性飄移，通常以汲極電流（線形模態或飽和模態）、臨界電壓、或**轉電導度**（transconductance）等幾個參數來分析其隨時間的衰敗過程。我們可定義其中的一個參數飄移了某固定百分比作為熱載子效應影響下 MOSFET 的可用壽命。我們已經說過 HCI 引起的 MOSFET 不穩定是一種與生俱來的本質衰敗過程。所以不管如何定義可用壽命，從前一章的討論，正如 TDDB 一樣，群體產品的 HCI 壽命分佈應該滿足對數常態分佈。

　　然而，在作加速測試以取得群體產品的 HCI 壽命分佈之前，我們必須了解 HCI 是如何被加速的，也就是 HCI 壽命的物理模型。迄今為止，最被普遍接受的 HCI 壽命物理模型應是「**幸運載子模型**」（lucky carrier model）。所謂幸運載子，就是認為載子能在基板中，獲得足夠的能量，跳脫到並被拘限在氧化層裡，造成 MOSFET 的電性不穩定，其中，載子須經過幾道「幸運」的關卡，方有以致之；這些關卡包括：在通道中獲得足夠的能量，而且能跳過 Si-SiO$_2$ 的界面能障（對電子約為 3.2eV，對電洞約為 4.5eV）；跳過能障之後，還能造成界面態，或電荷陷阱，並被捕捉等。沿著這種幸運載子的觀念（考慮載子可如此「幸運」的微小機率），幸運載子模型可以推導出 HCI 壽命（以 t_{TF} 代表）與汲極電流、基板電流有如下的關係式，

$$t_{TF} \times I_{DS} \quad \propto \quad (I_{SUB} / I_{DS})^{-m} \qquad （3\text{-}7）$$

式中，m，依據幸運載子模型，等於載子跳過 Si-SiO$_2$ 屏障並造成界面態所須能量（～3.7eV）與產生撞擊游離所須能量之比（～1.2eV）。理論上，m 約為 3 左右。實驗數據都與此理論值十分接近。

　　有了 HCI 的壽命模型，加速實驗可以一如 TDDB 實驗一樣，包括用三組不同的偏壓條件及三組不同的溫度。偏壓條件的選擇當然須比正常操作電壓嚴苛，且最好滿足 $V_{GS} = V_{DS}/2$，因為前面說過，在此飽和模態的條件下，HCI 造成 MOSFET 的衰敗最為嚴重。每一組所用的樣品數都要夠大，以足以作出對數常態分佈套合，並藉之擷取出對數常態分佈中的重要參數（即中間值 u 及形狀因子 σ）為原則。

　　對數常態分佈的參數 u 及 σ 一經得知，任何累積故障百分點的有用壽命就可延伸預測。如果我們對不同偏壓的三組樣品的壽命分佈都作了對數常態分佈套合，並藉此決定各組在同一累積故障百分點的壽命，則原則上，在其它偏壓的 HCI 有用壽命便可以利用式（3-7），藉延伸法決定。當然，這假設在各個偏壓條件下，I_{SUB} 與 I_{DS} 都有其固定值（可用各組的平均值）。圖 3-11 顯示延伸的方法及過程；先對式（3-7）兩邊取對數，然後，將三組數據放在二維平面圖上，再作線性套合。所得直線斜率，就是式（3-7）中的 $-m$。

　　同樣的方法也可應用在三組不同溫度樣品的壽命分佈上。只是 HCI 有用壽命與溫度的關係不一定如 TDDB，滿足所謂的 Arrhenius 方程式（式 3-6）。前面提到，HCI 事實上隨溫度增高而降低。所以即使 HCI 有用壽命與溫度的關係滿足 Arrhenius 方程式的形式，激化能量也已完全失去其原有的物理意義。但文獻上，有硬以 Arrhenius

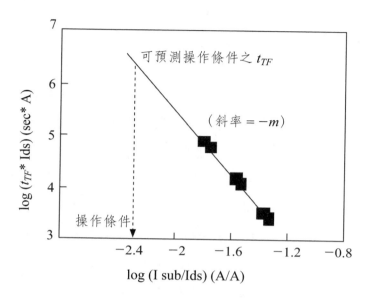

圖 3-11．根據幸運載子模型預測操作條件的 HCI 可靠度壽命作圖示範

方程式套用 HCI 有用壽命與溫度的關係者。並因此而稱 HCI 的激化能量為負數的，筆者以為這就未免有點太過牽強了。

　　不管如何，當晶圓製程技術的尺寸進到次微米時代，就筆者的實際經驗所知，以前述過程所延伸推得的在操作條件的 HCI 壽命，都已不符業界的一般要求（也就是說，到達 0.1% 累積故障率的有用壽命小於 10 年）。這是因尺寸不斷縮小，但操作電場強度並沒有跟著同步縮小時，業者遲早終究要面對的窘境。

　　其實，IC 線路在操作時，MOSFET 各電極的電壓並非 DC，而是一直處於動態的變化。這使得情形尚有轉圜的餘地。雖然，IC 線路在操作時，AC 的情況因線路的不同，及 MOSFET 位置的相異，十分複雜，很難一般化。但據筆者所知，所有對不同 AC 狀態的 HCI

壽命的研究，都發現它的期長至少比 DC 大了兩個數量級以上。所以，現在一般估算 IC 操作狀態的 HCI 壽命，都會將由 DC 實驗獲得的壽命乘以一個兩個數量級的倍數，以反映比較接近真實的情況。這似乎使到現在為止開發出來的次微米技術，尚不必為 HCI 的不穩定度，苦思對策。

也許苦思對策尚可不必，但如何盡量在現有技術的範疇內，從製程和電路設計上增加對 HCI 衰敗問題的阻抗能力，當然是一重要的課題。經由前面闡述的實驗方法，所得到的不同技術或不同設計的產品之間許多有關 HCI 有用的訊息，正好指明可能阻擋或延緩 IC 因 HCI 而退化衰敗之道。

要降低 HCI 效應，一個顯然的方法就是減低在 MOSFET 汲極附近的電場強度。這可藉由減緩從高濃度雜質的汲極區到表面通道區的雜質濃度的變化達成。也就是說，在汲極區多加了圈比較輕淡佈植雜質的區域，稱為**輕淡佈植汲極區**（lightly doped drain，簡稱 LDD，參見圖 3-12）。這方法，遠在 IC 技術發展到次微米時代以前，就被廣泛的應用。另一種方法，就是嘗試降低汲、源二極之間的電壓。這又有二個方法：一是從電路設計著手，在比較有可能受 HCI 影響的 MOSFET 添加一串聯的 MOSFET，使兩個 MOSFETs 分攤電壓，各自的汲、源二極之間的電壓當然減少。另一方法就是直接降低汲、源二極之間的電壓。

其它對抗 HCI 衰敗的方法就牽涉到如何去降低氧化層內的電荷陷阱及界面態濃度，以減少熱載子被拘捕在氧化層裡的機會。

作為保護 IC 的最頂層通常為氮化矽層。此頂層可使 IC 比較不容易被割傷，也可防止鈉離子及濕氣的侵入。但氮化矽頂層卻降低

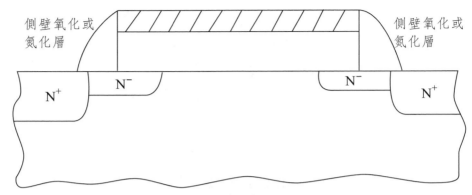

側壁氧化或
氮化層

N+ N− N− N+

側壁氧化或
氮化層

圖 3-12・輕淡佈植汲極區（LDD）簡圖

了 MOSFET 對 HCI 效應的阻抗力。究其原因，乃氮化矽頂層的製程可把游離的氫導入 IC 內部。而氮化矽頂層作為一有效的屏障，又讓氫一經導入，便無法逃出。氫原子於是可經由擴散，直達 Si-SiO$_2$ 界面。在那兒，氫與矽形成能量甚低（～0.5eV）的鍵結合，產生可接受熱載子的界面態或界面陷阱。所以，氮化矽作為保護 IC 的頂層會導致 MOSFET 對 HCI 效應阻抗力的降低。為消除這個氮化矽保護層的副作用，現在的閘極氧化層，都利用氮可與矽較緊密地作鍵結合（結合能量 ～1.6eV）這個事實，加以輕微地氮化。接受熱載子的界面態就因此大大地減少。

因為對電洞而言，Si-SiO$_2$ 的界面能障為 ～4.5eV，相較於電子的～3.2eV，大了許多，所以在同樣條件之下，熱電洞射入氧化層的機率比起熱電子小得多。即使射入，也比較沒有多餘的能量製造界面態。所以，PMOS 的 HCl 效應，一般比起 NMOS 的，可以忽略。前面所討論的 HCl 效應因此主要針對 NMOS 而言。事實上，在較長通道（所謂非次微米**電晶體**，nonsub-micrometer transistors）的 PMOS

中，比較嚴重的 HCl 效應發生在 $V_{GS} \ll V_{DS}$，當基板產生的熱電子因電場分佈比較傾向有利於其跳過 Si-SiO$_2$ 的界面能障，而產生類似 NMOS 熱電子的 HCl 效應；譬如：臨界電壓趨向於更正，意即，PMOS 的臨界電壓（絕對值）減少，飽和電流增高的，似乎不是退化，反而「進化」的反向結果。但因為 IC 的操作。通常使 PMOS 處於 $V_{GS} \ll V_{DS}$ 狀態的機會很少，因此這種「進化」的「助益」，（如果可稱為助益的話），相較於 NMOS 的衰敗，並不重要。

當元件尺寸不斷縮小，氧化層厚度亦跟著變細。到了深次微尺寸（氧化層厚度～幾十 Å）時，PMOS 的電洞熱效應，發現被增強到不能忽略的地步，而且它最壞的情況大概發生在 $V_{GS} = V_{DS}$ 的偏壓條件。這個轉折，可能與下一節要討論的負偏壓溫度不穩定度有關。將在下一節略述之。

3.2.3　負偏壓溫度不穩定度（NBTI）

到次微米（或稱奈米）時代，NBTI 愈來愈成為一個不能被忽視的可靠度問題。NBTI 主要發生在 PMOSFET。因為 PMOS 操作的時候，閘極加負偏壓，在表面通道流動的反轉層電洞，可以經由 Fowler-Nordheim 穿隧或**直接穿隧**（direct tunneling，指從矽基板到複晶矽閘極的電載子的直接穿隧），進入或經過氧化層。一旦進入氧化層，電洞可被界面的 Si-H 鍵捕捉，這使得 Si 與 H 之間的鍵鍊弱化，氫原子因此可從 Si-SiO$_2$ 界面釋出。氫原子釋出之後，直向閘極擴散，將電洞留在界面，造成 PMOSFET 電性的飄移。這種解

釋 PMOSFET 的 NBTI 現象的模型稱為**反應—擴散模型**（reaction-diffusion model，簡稱 R-D model）。此模型可以解釋 PMOSFET 的電性參數，如臨界電壓，隨時間變化的冪方（power law）關係。

最近幾年的研究發現，NBTI 的存在似乎會強化深次微米 PMOS 中電洞的 HCI 效應，使後者再也不能完全被忽視；而且也使得後者最嚴重的情況落在 $V_{GS} = V_{DS}$ 的偏壓條件。圖 3-13 顯示的一些數據，可以幫助了解在經過強化的 NBTI 作用下的 PMOS，其電洞 HCI 效應亦因而強化的情形。

測試所用的是通道長度為 0.25 微米、氧化層厚度為 40Å 的 PMOSFET 元件。從圖 3-13 可看出此元件的電流衰退比率（$= \Delta I_{dsat}(t)\} / I_{dsat}(0)$）在作純粹 NBTI（$V_{GS} = -4.3\text{V}$，$V_{DS} = 0\text{V}$，$T = 105\ ^\circ\text{C}$）

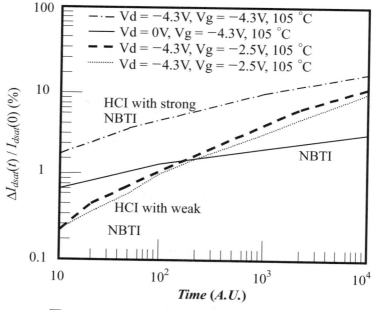

圖3-13・PMOS 的 HCI 效驗深受 NBTI 影響

的時段內,從約 0.7%,增加到約 3%。如果加 $V_{GS} = -2.5V$,$V_{DS} = -4.3V$ 的偏壓,則不論 T 為一樣高溫的 105 ℃,或較低的 25 ℃,電流衰退比率皆從約 0.3% 開始,以較快的衰退速率,在同時段內,增加到約 7%。這種衰退速率的快速增加顯然是 NBTI 與 HCI 的合成效應。因 NBTI 穿隧進入氧化層的(冷)電洞,可先行分離矽-氫鍵,使後續進入的(熱)電洞,易於被殘留的空鍵電荷陷阱所補捉;也就是說,HCI 效應得到 NBTI 效應的加持幫忙,電流衰退得以較快的速率增加。這種 NBTI 與 HCI 的加乘效果,在 $V_{GS} = V_{DS} = -4.3V$ 的偏壓條件時,表現得愈加顯著。也就是因為這種加乘效果,使得深次微米 PMOS 發生最嚴重 HCI 效應的偏壓條件,落在 $V_{GS} = V_{DS}$,而不像 NMOS 的落在 I_{sub} 為最大的閘極偏壓條件,即 V_{GS} 約等於 1/3 V_{DS}(對 PMOS 而言)。

近幾年來,由於 IC 技術在尺寸上的繼續縮小,NBTI 成為可靠度問題探討的熱門項目。但是對它的了解還有爭議,也有不盡清楚的地方。譬如我們在 HCI 結尾處,提到氮可與矽較緊密地作鍵結合,所以輕微氮化的氧化層可以減少接受熱載子的界面態。同樣的推論,應該認為輕微氮化的氧化層可以減少 NBTI 造成 PMOSFET 電性的飄移度。事實則不然;實際的數據顯示,含氮量越濃的氧化層造成 NBTI 惡化的程度越嚴重。這是有待釐清的 NBTI 的問題。為了知道有效的阻抗 NBTI 之道,更多有關 NBTI 研究的投入是迫切必要的。

3.3 金屬導體的電遷移 （electromigration，簡稱 EM）

　　電遷移可能是最為人所注意並最被研究探討的有關 IC 可靠度的一個題目。過去數十年來，發表在學術期刊及學術會議的有關電遷移的研究論文，少說也有數千篇之多。隨著 IC 尺寸的不斷縮小，金屬導體中流動的電流密度可能跟著增加，IC 操作時的溫度也就可能跟著上升，電遷移益發成為半導體製程業界不能忽視的基本可靠度問題。到現在為止，鋁仍然是一直在 IC 製程中被廣泛應用的金屬導體的材料。鋁的熔點（melting point），在 IC 製程中眾多被應用的金屬導體裡，是最低的（Al:660 °C；Cu:1083 °C；Au:1063 °C；Ag: 879 °C；Ti:1725 °C；W:3422 °C）。熔點低表示原子之間的結合相對地比較不緊密，因此也較容易受到電遷移的效應影響。所以，過去數十年來，有關電遷移研究探討的主要對象，大部分鎖定在鋁或其合金上實一點也不奇怪。不過最近十年，為了 IC 速度的增加，及 IC 操作時溫度的降低，新金屬導體，如銅及其合金，以及多層金屬導體的應用已蔚為風潮。雖然，這些金屬導體，在理論上，都有較好的電遷移阻抗度，但為了確切的了解，並尋求保險無虞之道，對這類金屬導體的電遷移方面的研究，可說正方興而未艾。

　　金屬導體中的原子核（除去其外圍的自由電子，為帶正電的離子），在導體導電的時候，從與自由電子不斷撞擊（或說振動晶格與自由電子的交互作用）而產生的動量交換，在電流的反方向有若一直受到一個推力。通常，電導體的電流密度都在 $10^5 A/cm^2$ 以下，這個推力不足以造成顯著的效應，可以被忽略掉。然而，在現代的 IC 製

品裡的金屬導體，電流密度都在 $10^5 A/cm^2$ 以上，甚至達到 $10^6 A/cm^2$ 之譜，上述推力就足以使原子最後終於可能擺脫晶格的限制，而有淨位移。這推力，雖來自大量自由電子的不斷撞擊（或稱為**電子風**，electron wind），但追根究底此力仍源自外加電場。因此，如設此電場為 E，原子的有效電價為 $Z*q$，則其所受推力，可表示為大家熟知的靜電力形式，

$$F = Z*q \, E \qquad\qquad （3\text{-}8）$$

注意：因為此力與自由電子的運動同向，$Z*$ 應為負數。

在力 F 的驅動之下，如在沿力方向的隔壁晶格為**空洞**（vacancy），金屬原子就可能跳入隔壁空洞的晶格，也就是產生前段所說的淨位移。借這個步驟，原子的移動亦稱**擴散**（diffusion）。但這種擴散不同於一般因濃度不同造成的擴散。首先，這種擴散須有一驅動力；其次，金屬導體的晶格中須有空洞。能夠讓原子產生顯著的擴散結果的空洞有三種：1. **顆粒界面**（grain boundary），2. **導體表面**或其它物質的**界面**（surface or interface with other material），3. **晶格缺陷**（lattice defects）。

所謂顆粒，是指單晶體的顆粒。在顆粒範圍內，晶格結構沿同一方向排列。兩個不同顆粒相鄰界的接觸面空洞區域就稱為顆粒界面。質言之，顆粒界面是介於兩個不同顆粒間的充滿了空洞的晶格缺陷。很容易了解，這種晶格缺陷正是供給原子沿著驅動力方向擴散的絕佳路徑。同樣地，原子也可沿著導體表面，或在顆粒內部，借單晶體的晶格缺陷，沿著驅動力方向擴散，但就鋁或其合金而言，相較於顆粒

界面，後二者的擴散效率就差多了。原子在這三種不同晶格空洞中的擴散分別稱為 1. **顆粒界面擴散**（grain boundary diffusion），2. **界面或表面擴散**（interface or surface diffusion），與 3. **晶格擴散**（lattice diffusion）。

假設金屬導體的原子密度為 N，可動度為 μ，則因擴散造成的原子**通量**（flux）為

$$\Phi = N\mu F / q = NDq / kTZ^*E$$
$$= ND_o q / kT \exp\left(-Q / kT\right) Z^*\rho J \qquad (3\text{-}9)$$

上式推導有用到可動度 μ 與擴散係數 D 之間的 **Einstein 關係式**（Einstein relationship）$\mu = Dq / kT$，以及擴散係數本身隨溫度變化的 Arrhenius 方程式，

$$D = D_o \exp\left(-Q / kT\right) \qquad (3\text{-}10)$$

式（3-9）中，ρ 為電阻係數，J 為導體中的電流密度，應該是不解自明的。

式（3-10）中，Q 為激發能量。如擴散機制主要為顆粒界面擴散，則 Q 為顆粒界面擴散的激發能量。同理，如擴散機制主要為晶格擴散，則 Q 為晶格擴散的激發能量等。

前面說過，過去數十年來，鋁或其合金為導體的電遷移現象是最被廣泛研討的對象。這些研究發現，鋁或其合金的電遷移，如被顆粒界面擴散所激發，其激發能量都在 0.5 至 0.7eV 之間；如被晶格擴散

所激發，其激發能量都在 1.0 至 1.4eV 之間。這些研究也發現，鋁或其合金為導體的電遷移現象很少藉著界面擴散而激發。近年來，對銅或其合金為導體的電遷移現象的研究發現 —— 與鋁或其合金的大異其趣—— 銅或其合金為導體的電遷移反倒比較容易沿導體與其連接物質（大抵為介電質或其它金屬）的界面擴散達成。其激發能量被發現都在 0.8 至 0.95eV 之間。如果金屬導體內部有了空洞（voids），不管金屬的主材料為鋁或銅，原子都可能藉由空洞內緣的表面擴散，使空洞在與電子風的反方向上產生移動（後面會再討論此機制）。表面擴散的激發能量約在 0.8 至 1eV 之間，與界面擴散的激發能量甚為相近。

　　事實上，不管電遷移藉著何種擴散機制而發生，如果導體在微觀與巨觀結構上都十分均勻，電遷移即使發生，也僅僅形成一沿著導體流動的均勻通量〔式（3-9）〕；原子既不任意堆積，也不忽然消失。對導體的傷害無由產生。但是如果導體在結構上是不均勻的，情形就不一樣。

　　因為鋁或其合金的電遷移主要被顆粒界面擴散所激發，我們就先從顆粒結構可能造成在微觀結構上的不均勻談起。圖 3-14 描繪由顆粒結構構築而成的所謂三交點（triple points）。由三顆晶粒緊鄰而成的三個顆粒界面 1, 2, 及 3 相交於 A 點。在 A 之左僅有界面 1，在 A 之右則有界面 2 及 3。一般而言，經過 A 點的通量，一進二出，是不均勻的，若非在 A 點產生物質堆積，就會造成物質消散。物質堆積會導致所謂的小山堆（hillocks），物質消散會導致空洞。小山堆或空洞將造成電流密度不均勻，這更強化在 A 點進出物質通量的不平衡，加速小山堆或空洞的成長。接著因 joule（焦耳）熱的關係，

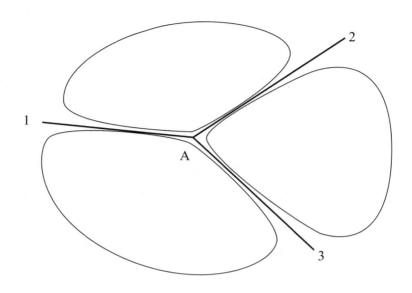

圖 3-14‧顆粒界面構築而成的三交點

在 A 點附近的溫度也顯著不同於導體其它部分。這愈強化在 A 點進出物質通量的不平衡，最後，終於引導導體走到斷電之途。

其實，空洞一旦形成，便能藉其內緣的表面擴散，產生與電子風反方向的移動。圖 3-15 對此現象提供簡單的解釋。為容易了解起見，且假設空洞為一圓球形。當金屬通電流，電子風帶動沿著空洞內緣的表面擴散，在空洞內緣的前壁造成物質消失，並在後壁造成物質累積。經長久的時間，空洞便有效地向電子風的反方向移動（參考圖 3-15）。因為小空洞須要移動的質量比大空洞的少，前者移動的速度，相對的較高。所以，小空洞可以追上大空洞，合併成更大的空洞。這種過程持續進行，最後，使前段結束所提的斷電情況傾向於發生在電子風的上游（即靠近陰極），而小山堆的堆積，造成周圍氧化層的擠壓、破裂，則傾向於發生在電子風的下游（即靠近陽極）。

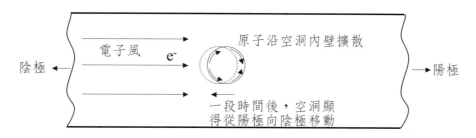

圖3-15‧空洞經由內壁表面擴散而向陰極移動的二維示意圖

　　就對電遷移的阻抗而言，導體的顆粒結構佔有舉足輕重的影響。一般而言，較大的顆粒使顆粒界面及三交點減少，也就減少顆粒界面擴散及通量不均勻的機會，有利於增加對電遷移的阻抗。如果所有顆粒都比導體寬度大，沿著導體長度的方向，將看到一顆顆顆粒的串聯（見圖 3-16），並無三交點存在的可能，甚至沿著長度方向的顆粒界面也都消失於無形。這樣的導體，只有橫跨導體寬度方向的顆粒界面，就其顆粒結構而言，稱為**竹子結構**（bamboo structure）。除非擴散藉由表面，或晶格內部達成，否則，電遷移現象很難在竹子結構的導體內發生。有時，為了利用竹子結構的這個好處，特意將 IC 上寬度甚大的**電力線**（power lines）分割成有如幾條較細導線的並聯（見圖 3-17），以求增強電力導線對電遷移的阻抗力。只是這樣作，反倒造成巨觀上導體的不均勻度，是否得不償失？在佈局設計前應該仔細評估。

　　在巨觀上，導線自然以均勻寬度為佳。設計上，要避免同一導線在長度方向變化寬度。導線也要避免有直角轉彎的設計。因為直角轉彎易於造成電流密集，地域性的焦耳（joule）熱因之產生，擴散通量便有地域性的不均勻，成為小山堆或空隙形成的溫床。但最重要的，

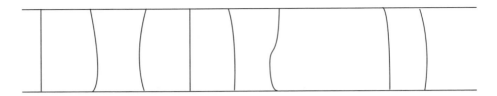

圖 3-16・竹子結構略圖

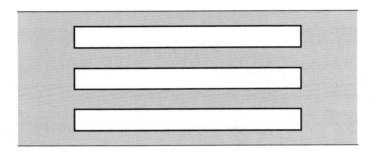

圖 3-17・利用細線並聯以增加竹子結構形成的機會

　　巨觀上的均勻性，要靠好的製程來達成。如果製程上使得導體充斥許多大的空隙缺陷，則一開始，導體已經準備好了接近生命末期的條件。電遷移在這種情況下，不過在執行導線生命末期的自然的衰敗過程而已。事實上，這種帶有巨觀空隙缺陷的導線的故障，應該判為早夭，還是衰敗，本就是難以簡單論斷的問題。

　　上面提到電遷移效應與導線的寬度有關。其實，電遷移效應與導線的長度也有關。當電遷移借重顆粒界面擴散開始發功，導線靠近陽極的一端，會漸漸累積物質；而靠近陰極的一端，會漸漸消減物質。從陰極到陽極，因為這種物質的漸漸重新分佈，建立了一個在陽極一端較為**縮力性**（compressive），而在陰極一端較為**張力**

性（tensile）的機械應力。陽陰二極兩端之間因此產生的**應力陡度**（stress gradient），如果夠大，就足以阻止物質重新分佈（擴散）的繼續進行。所以，如果導線過短，電遷移將被其自己造成的沿導線的機械應力陡度阻擋下來。只有當導線夠長，電遷移方能一旦發功，就持續不墜，直至電路故障為止。因為 Blech 是第一個發現這效應的研究者，所以能夠讓電遷移持續不墜的最小導線長度，便被稱為 **Blech 長度**（Blech length）。以鋁或其合金而言，在 $10^6 A/cm^2$ 的電流密度流動之下，Blech 長度大約在數百微米（～100-500μm）之譜。所以，IC 工業界用來評估電遷移阻抗力的導線測試結構都至少有 1,000μm 以上的長度。

利用這種長導線作評估電遷移阻抗力的實驗，跟其它衰敗問題的可靠度實驗一樣，往往須要很長的時間。通常導線的電遷移壽命定為當其電阻在固定電流密度及溫度加壓之下，增加了某固定的比率（譬如：10%）所須要的時間。Motorola 公司的工程師 J. Black 在 1960 年代作了很多電遷移壽命的實驗，經過歸納得出如下壽命（*ttf，time to failure*）與電流密度（*J*）及溫度（*T*）的經驗律關係，通稱為 **Black 方程式**（Black equation））

$$ttf \quad \propto \quad exp\left(Q/kT\right) \ J^{-n} \qquad\qquad (3\text{-}11)$$

從理論的角度來看，*ttf* 應該反比於電遷移的通量 *Φ*[式（3-9）]。若然，則式（3-10）中的 n 應為 1。但 Black 從數據推導出來的 n 卻是 2。這可能是 Black 在實驗時，沒有仔細把每個導體因高電流密度所產生的焦耳熱正確考慮進去的緣故。但也有人持不同的

意見。n 確應為何值，迄今一直沒有定論。業界一般的認知，視其為一經驗值，可隨製程技術及使用材料而定，完全由實驗決定。這也使得文獻報告的 n 值，從 1 到 17 都有。筆者以為 n 值的變化很難解釋為與製程技術及使用材料有關。大概都是實驗者沒有仔細把每個導體因高電流密度所產生的焦耳熱正確考慮進去的結果。不過，為了從俗，後面的討論一律把 n 值視為經驗值。但筆者要特別強調，實驗時，每個導體因高電流密度所產生的焦耳熱應該被正確地考慮進去，以得到正確的溫度，套入式（3-11）中的指數項，使 *ttf* 得到適當的修正後，才抽取 n 值時，以避免錯誤。

實驗的設計包括用三組不同的電流密度及三組不同的溫度，每一組所用的樣品數都要夠大，以足以作出對數常態分佈套合，並藉之擷取出對數常態分佈中的重要參數（即中間值 u 及形狀因子 σ，參考式（2-16））為原則。從我們在前一章所言與業界普遍獲得的數據看來，與其它不同的可靠度問題一樣，對數常態分佈也是電遷移壽命分佈一個極適合的數學模型代表。

對數常態分佈的參數 u 及 σ 一經得知，任何累積故障百分點的有用壽命就可延伸預測。如果我們對不同電流密度的三組樣品的壽命分佈都作了對數常態分佈套合，並藉此決定各組在同一累積故障百分點的壽命，則由式（3-11），n 可以決定，

同樣的方法也可應用在三組不同溫度樣品的壽命分佈上。從三組不同溫度在某一累積故障百分點的壽命數據，從式 3-11，Q 也可決定。n 及 Q 一經決定，則理論上，導線測試結構群體在任一累積故障百分點的壽命就可延伸預測。

前面提過如何利用顆粒結構提高導線對電遷移的阻抗力的方法。

但我們也說過，純鋁的熔點低，原子之間的結合，相對地比較不緊密，電遷移的阻抗力相對地偏弱。但鋁因容易與 IC 製程配合，有其難於用其它金屬導體取代撼動的地位。為了增加鋁的電遷移阻抗力，合金自然是一個必然的考慮與選擇。現在泛用於 IC 技術的鋁合金，都是混以約 1% 的銅合金。當從合金的高溫製程冷卻下來時，銅有一定的比率會從鋁晶格中**分離**（segregation）出來。這是因為銅在鋁中的**溶解度**（solubility）隨溫度下降而降低的緣故。分離出來的銅，大部分沉澱在顆粒界面裡，成為阻擋鋁原子沿顆粒界面擴散的絆腳石。實驗發現，1% 的銅合金約能增加鋁導線的電遷移壽命一個數量級以上。

經接觸洞進入矽基板的導線，為了防止不同材料的原子之間的擴散（矽尤其容易擴散至鋁），多會在鋁層底部加一層所謂的**障礙層**（barrier layer）。這障礙層又稱**黏著層**（glue layer），因為它有助於金屬導體層與下層材料的結合。障礙層的加入，另有附加的好處。因為通常障礙層的材料，都為鎢（W）、鈦鎢（Ti:W）合金、氮化鈦（TiN）等高溫金屬，在它們之上沉積鋁或其合金層，有助於晶顆粒的成長，增大顆粒，減少顆粒界面。從前面的解說，讀者當記得，這等於制約顆粒界面的擴散度，加強了電遷移的阻抗力。實驗顯示，有障礙層的鋁導線，比起無障礙層的鋁導線，其電遷移壽命可以增長至少二倍以上。

障礙層的加入，是為了解決金屬線與矽基板接觸洞的問題而因應而生。既然談到接觸洞，這裡，也許應該跟著一談有關接觸洞與連接洞的電遷移的問題。不管接觸洞或連接洞在佈局設計上放置幾個，比起上下層的金屬導體，通常經過的電流密度總是相對的較高。這當然產生電流密度的不均勻，並跟著產生溫度的不均勻。連接電力線的

接觸洞與連接洞常是製造問題的熱點，是啟動電遷移的源頭。尤其，較早期，當 CMP（chemical mechanical polish，化學機械研磨）製程還未盛行的時候，接觸洞與連接洞基本上是將金屬層填入預先挖開的氧化層坑洞。這使金屬層在坑洞周圍產生一定坡度的下降。金屬層在這坡度的地方相對地變薄了。測量這變薄程度的參數稱為**側坡覆蓋度**（step coverage ＝ 在坡度地方的厚度／坑洞高度）。如果側坡覆蓋度很低，接觸洞與連接洞愈可能成為啟動電遷移的源頭。很快由於物質的流失，電流密度與溫度升高，最後導線的溫度就在這個地方達到熔點而燒斷。所以，接觸洞與連接洞的數目，以及其側坡覆蓋度是必須在佈局設計與製程時特別注意的地方。即使在今日，CMP 製程所提供的接觸洞與連接洞，雖無側坡覆蓋度的問題，而且所用材料又都是抗電遷移能力極高的鎢或其合金，但其會產生因高電流密度與高溫的熱點之情況則一。所以，IC 製程及電路設計工程師必須特別留意小心這個問題。以筆者的經驗，見過電路佈局工程師忽略這問題，在該多放置接觸洞與連接洞的地方，為了減少晶片面積而違反設計規則，偷偷減少接觸洞與連接洞的數目。因此製造出來的產品，到了量產之後，因為可靠度問題，造成很多退貨，並須面對客戶不斷的索賠，真是因小失大，得不償失。業者應引為殷鑑。

增加銅導線電遷移阻抗的方法，可沿用對鋁導線使用的方法。譬如加小百分例（1%）的鈀（pd；palladium）或鋁於銅而成的銅鈀或銅鋁合金。其增加電遷移阻抗的道理與鋁銅合金是一樣的。因銅導線的電遷移主要以界面擴散的機制發生，增加電遷移阻抗的方法便以如何加強銅與其周圍材料的**緊密度**（adhesion）為最重要考量。為了增加 IC 的速度，銅導線的技術都以低介電常數（k）的介電質來配

合。這兩種材料之間的緊密接合一直是個困擾製程研發的問題。晚近以來有許多這方面研究的進展，但因可能尚未有定於一尊的辦法，本書不擬加以敘述。

前面說過，鋁或其合金的電遷移主要憑藉顆粒界面擴散達成。而近十年來，漸被採用的銅或其合金的電遷移主要憑藉與上下層界面擴散達成。其實，在一根長導線裡，有可能兩種或兩種以上的擴散機制在同時進行，在不同的部位扮演不同電遷移的工作。譬如：以鋁或其合金的導線為例，如製程的結果，使導線在某部分段落為竹子結構，則這部分段落之內，唯有經由晶格擴散才能產生電遷移。雖然一般來說，晶格擴散比起顆粒界面擴散困難得多，但如果導線寬度超過某一特性寬度（與顆粒大小有關，約 $1\mu m$），而導線溫度又被加高到約 390°C 以上，那就反過來，顆粒界面擴散反而比起晶粒擴散造成有效的電遷移變化要困難得多。至於導線寬度小於此特性寬度的，就是前面提過的所謂竹子結構的導線，只有晶格擴散才能造成電遷移引起的傷害。這是筆者在 UMC 任職時帶領其可靠度研發團隊發展 fWLR（見 3.1 節）時，從很廣泛的實驗數據裡，包括從 $0.3\mu m$ 到 $4\mu m$ 的不同導線寬度在不同溫度（225°C 到 500°C）的**等溫測試**（isothermal test）之下，所獲致的一個甚為確切的結論。所謂等溫測試，就是在電遷移加速實驗裡，利用電流的調整，使導線維持在一目標設定的固定溫度。在 fWLR 中，因為希望在很短的時間內完成測試，這設定的固定溫度通常比用封裝元件作電遷移加速測試實驗的溫度高出很多（至少 200°C 以上。封裝元件作電遷移加速測試的溫度，通常被限制在 150°C 以下，以避免所用的連接元件的 IC 板被快速氧化而失效）。因為利用電流產生的 joule 熱來達到高溫加速，fWLR 所用

的電流密度都在 10MA/cm^2 以上。在如此高電流密度及高溫的加速之下，導線很快因電遷移的傷害，造成電阻增加；通常只要數秒鐘就能增加到幾十個百分比以上。前面說過，電遷移的有用壽命就是定在電阻增加幾十個百分比的時間點，所以 fWLR 的電遷移測試，通常只要數秒鐘就可以完成。

臨結束電遷移這個主題，筆者謹將帶領過的 UMC 可靠度團隊從 fWLR 電遷移研究得到的主要結果歸納在圖 3-18 中──一個由線溫度與線寬度構成，被不同擴散機制操控電遷移效應而分割成三個主要區塊的二維**面相圖**（phase diagram）。

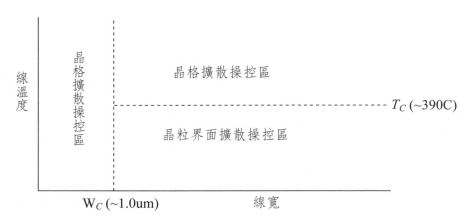

圖 3-18．鋁導線中顆粒界面擴散與晶格擴散在溫度及線寬二維平面上操控分佈的區塊

3.4　金屬導體的應力遷移（stress-migration，簡稱 SM）

　　上個世紀的 80 年代，IC 業界發現產品中的金屬導線有另外一個基本可靠度的問題。當鋁線寬度縮小至與其厚度相當時，儲存於室溫一段時間後的產品，可看到鋁線中開始出現空洞。如果儲存於高溫，出現空洞的情況可能愈加嚴重。空洞還會與時俱長，而至於使金屬導線斷線。即使不斷線，空洞的成長，會增加導線的電阻，也影響 IC 產品的表現，可使其不符規範，而淪為故障品。

　　考察這種現象發生的原因，發現主要在於金屬導線與環繞其周圍，作為絕緣之用的介電質二者之間的熱膨脹係數相差甚巨的緣故。鋁的熱膨脹係數約為 24ppm/$^\circ$C；環繞其周圍的介電質，以 SiO_2 成分為主的似玻璃材料為例，熱膨脹係數約為 0.5ppm/$^\circ$C——二者差了兩個數量級。當環繞金屬導線周圍的介電質於高溫，被沉積之後，冷卻下去，由於其與金屬導線二者之間熱膨脹係數的差異，二者收縮程度將不一樣。此不同的收縮程度，隨溫度的降低，差異愈大。二者之間遂感受到逐漸增高的互相拉扯的力。因金屬導線比起周圍的氧化層收縮程度較大，因此前者對後者施有**壓縮力**（compressive force），反之，後者對前者施有**伸張力**（tensile force）。所以，在室溫時，一細薄的金屬導線便處於伸張力，或更確切的說，一種三維伸張應力的狀態之下。

　　雖在張力之下，金屬固體中的原子可以不擴散移動；也就是說，雖然受力，金屬導線仍然可以處於平衡狀態。但這種平衡是不穩定平衡，是假設——不太可能成立的假設——所受張力到處均勻的結果。

其實，金屬導線內並不乏隨機存在的缺陷，譬如：空洞。在缺陷的附近及內部，張力趨向於降低或消失。所以，在環繞缺陷的附近就存在著應力陡度，使缺陷表面的原子，受著離開缺陷的淨力（請參考前一節有關 Blech length 的討論）而擴散移動。於是空洞開始長大增加，而金屬導線所受的張力也借著空洞的長大增加漸漸得到放鬆。最後，金屬導線就趨近於一穩定平衡狀態——即充斥著空洞，而張力近乎消失的情況。這種金屬導線內原子的擴散移動及空洞的長大增加，稱為應力遷移（簡稱 SM），或稱**應力激發空洞**（stress induced voids，簡稱 SIV）。

　　仔細了解這張力借著空洞的長大漸漸得到放鬆的過程是一個十分複雜而困難的問題。這是因為基本上必須解決有限三維空間中一二維物理**張量**（tensor，即金屬導線內的應力）隨時間如何分佈變化的數學題目。這往往須要借助電腦作數值分析方能達成。但這麼作，又十分容易將其中的物理含混蒙蔽了。所以，此處，我們將問題盡量簡化，以能抓住過程中的要點為主要目的。假設我們有興趣的金屬導線內的應力就像靜態流體內的壓力分佈一樣，可以一純數（scalar）函數，$\sigma(x, t)$，代表，而它只是位置 x（金屬導線的長度方向）與時間 t 的函數。從前一節有關 Blech length 的討論，我們知道在應力陡度，$d\sigma/dx$，之下，體積為 Ω 的原子受力為

$$f = \Omega d\sigma/dx \qquad\qquad (3\text{-}12)$$

此力造成擴散的原子通量，

$$J = ND / kTf = D/kT \, d\sigma/dx \tag{3-13}$$

式中用到 Einstein 關係式及 $N = 1/\Omega$。應力與應變 ξ（strain $= \Delta L_x/L_x$，即 x 方向金屬導線的長度的變化比率）通常滿足如下的線性關係，

$$\sigma = \varepsilon\xi \tag{3-14}$$

式中，ε 為楊氏係數（Young's modulus，或稱彈性係數 modulus of elasticity）。從物質不滅的觀念，我們知道金屬導線於某細段中每單位截面長度的變化率等於流進和流出此細段的淨原子通量；也就是說（參考圖 3-19），

$$N \, d\xi / dt \, \Delta x = J(x + \Delta x) - J(x)$$
$$= J(x) + dJ/dx \, \Delta x - J(x)$$
$$= dJ/dx \, \Delta x，$$

單位截面線段內長度的
變化率 $=N \, d\xi(x,t)/dt \, \Delta x$

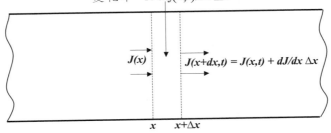

$J(x)$ $J(x+dx,t) = J(x,t) + dJ/dx \, \Delta x$

x $x+\Delta x$

圖 3-19・線段 Δx 內連續方程式的推導

或者

$$N \, d\xi/dt = dJ/dx \qquad\qquad (3\text{-}15)$$

上式即眾所週知的**連續方程式**（continuity equation）。式 3-13, 3-14, 3-15 可結合起來得到應力的**擴散方程式**（diffusion equation），

$$d\sigma \,/\, dt = (D\varepsilon\Omega/kT) \, d^2\sigma/dx^2 = D_{eff} \, d^2\sigma/dx^2 \qquad (3\text{-}16)$$

式中 $D_{eff} = D\varepsilon\Omega/kT$。理論上，如果初始條件（$t = 0$），及邊界條件（譬如金屬導線的兩端）的 $\sigma(x, t)$ 為已知，則式 3-16 中的 $\sigma(x, t)$ 可以一般性地解出。

考慮一個簡單可解的應力擴散問題：一半邊無限長（設 x 從 0 到 ∞）的金屬導線，在 $x = 0$ 處，$\sigma(0, t) = 0$；在 $x \neq 0$ 處，$\sigma(x, t = 0) = \sigma_o$；試解 $\sigma(x, t)$。

滿足式 3-16，及上述的初始、邊界條件的解為

$$\sigma(x, t) = \sigma_o \mathrm{erf} \, [x/2(D_{eff}\mathrm{t})^{1/2}] \qquad\qquad (3\text{-}17)$$

式中，erf 代表本書第二章用過的特殊函數：錯誤函數。讓我們用一些典型的參數值來估計一下 D_{eff} 的數值。設 $D = 1\times10^{-3}\mu m^2/hr$，$\varepsilon = 62.5GPa$，$\Omega = 1.66\times10^{-29}m^3$，$T = 300 \ ^\circ K$；則 $D_{eff} = 2.5\times10^{-1}\mu m^2/hr$。

圖 3-20 描繪 $\sigma(x, t)$ 在不同時間 t 隨 x 的分佈情況。從圖可發現隨著時間的進展，應力從 $x = 0$ 處向 $x > 0$ 逐漸放鬆。時間愈長，放鬆

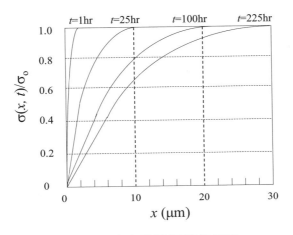

圖 3-20・應力放鬆過程的例子

的長度與程度愈大。基本上，放鬆所需時間約與放鬆長度的平方成正比。事實上，從式 3-17 中的 erf 函數，可知，$x/2(D_{eff}\,t)^{1/2} = $ const. 是在不同長度，保證有相同放鬆程度所需時間條件。亦即，

$$\Delta t \sim (\Delta L)^2 / 2D_{eff} \qquad （3\text{-}18）$$

應力放鬆的過程中，如前所述，包含有原子的擴散移動，但整體原子的數目維持不變。與周圍物質在熱力漲縮上的相異造成體積上的變化，轉由空洞的長大增加來承擔。雖然我們無法知道空洞的幾何形狀、數量與分佈，但當應力得到完全放鬆時，熱力漲縮上體積的變異，就完全轉為空洞的空間。我們知道，從一維的情形來看，長度的應變可寫成，

$$\delta L / L = \Delta \alpha \, \Delta T \qquad （3\text{-}19）$$

式中，$\Delta\alpha = \alpha_m - \alpha_s$，（$\alpha_m$，$\alpha_s$ 分別為金屬導線及周圍介電質的熱膨漲係數）。$\Delta T = T_o - T$；T_o 為沉積介電質時的高溫，T 為應力放鬆時的溫度。所以三維體積的應變比就可寫成，

$$\delta V \,/\, V = 3\,\Delta\alpha\,\Delta T \qquad\qquad（3\text{-}20）$$

也就是說，當應變增加的體積完全由空洞空間取代時，最大可能的空洞空間為

$$V_{sv} = \delta V = 3(\Delta\alpha\,\Delta T)V \qquad\qquad（3\text{-}21）$$

V_{sv} 代表**飽和空洞體積**（saturated void volume，簡稱 SVV），為應力完全放鬆時全部空洞空間體積的總和。

　　假設 $\alpha_s = 4\times10^{-6}\,K^{-1}$，$T_o = 400\,°C$，$T = 100\,°C$；我們知道鋁的 $\alpha_m = 24\times10^{-6}K^{-1}$，從式 3-21，可得 $V_{sv}\,/\,V = 1.8\%$。如果所討論之金屬導線的幾何條件為 寬×厚 = 1μm×1μm，所要放鬆應力的線段長度為 10μm，則 $V_{sv} = 0.18μm^3$。再假設空洞為單一球狀，可得其半徑為 0.35μm。對 1μm×1μm 的金屬導線而言，這樣的空洞很可能大大地增加金屬導線的電阻抗，有可能使 IC 失效。

　　當然，空洞常常並不以單一球狀出現。它可能在應力放鬆的線段中，從原有的隨機到處存在的缺陷處長大，以放鬆其附近的應力。一旦應力完全放鬆，如果溫度保持不變，則全部空洞空間體積的總和，即 V_{sv}，也維持不變。與電遷移一樣，通常在應力遷移的壽命實驗上，當電阻抗增加到某個預定的百分比時，金屬導線被視為故障。

但要注意的是：這預定的電阻抗增加點並不唯一地對應於一定的空洞體積。

談到應力遷移的壽命實驗，就不得不提**高溫儲存測試**（High temperature storage test，簡稱 HTS）。這是將 IC 零組件儲存於在沉積其周圍氧化層時的溫度與室溫之間的某一特定高溫，然後監測其內金屬導線電阻變化的測試。通常，正如前段所言，與電遷移壽命測試一樣，當電阻增加到某個預定的百分比所耗費的時段，被視為金屬導線能正常操作的壽命。理論上看，這種金屬導線的壽命是與式 3-18 的應力放鬆時間緊密關聯的，但並不完全相等。假設 L_f 是使金屬導線的電阻抗增加到預定的百分比所對應的空洞長度，此長度與被放鬆線段長度 ΔL 應滿足（參考式 3-19），

$$L_f = \Delta L\ \Delta \alpha\ \Delta T \qquad (3\text{-}22)$$

因此，如下的模型方程式可以預測高溫儲存測試的壽命（TTF）與溫度的關係（套式3-22入式3-18），

$$TTF = C(T_o - T)^{-2}\exp(Q / kT) \qquad (3\text{-}23)$$

式中，比例常數 C、T_o 與 Q 可由實驗數據套合取得。

圖 3-21 描繪式 3-23 中，兩個因子 $(1 - T / T_o)^{-2}$、$\exp(Q / kT)$，與它們的乘積，從 0°K 到 T_o 隨溫度（T_m）變化的情形。它們的乘積在比較靠近 T_o 處，T_m，有一極小值。這也就是使金屬導線因應力遷移，壽命最短所應儲存的溫度。為了縮短測試時間，通常儲存的溫度都選在 T_m 附近。事實上，T_m 可以代數方法解出，它滿足下式，

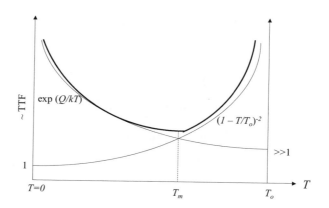

圖 3-21‧HTS 實驗最佳溫度 T_m 的決定

$$T_m = Q / 4k [-1 + (1 + 8 \, kT_o / Q)^{1/2}]$$ （3-24）

假設 $Q = 0.6\text{eV}$，$T_o = 698\,^\circ\text{K}(425\,^\circ\text{C})$，則 $T_m = 592\,^\circ\text{K}(319\,^\circ\text{C})$。依此，高溫儲存測試的溫度最好設在 $319\,^\circ\text{C}$ 附近。

　　同其它前面提到的基本可靠度問題一樣，評估 IC 產品針對應力遷移的阻抗能力，須經過多樣品、多溫度的實驗，經統計分析，依據式 3-23 的物理模型方程式，估算其可靠度的表現是否能達到業界或客戶的要求。

　　假如金屬導線對應力遷移的阻抗能力沒有達到業界的要求，在製程或設計上，必須作一些改變，以求可靠度的改善。有一些針對應力遷移阻抗能力的改善方法，與電遷移的相似。譬如：在鋁中加一定比例的銅的鋁銅合金，或在銅中加一定比例的鋁或鈀的銅鋁或銅鈀合金，都是利用主要原子擴散度的減少，來增加對遷移的阻抗，對於電遷移與應力遷移，都能一體適用。這通常使相關的可靠度壽命可作至少一個數量級的增加。另外，在金屬層底部或頂部多加一層低擴散度

的金屬，例如 W，TiN，也是增強應力遷移阻抗的方法。在電遷移一節提到，如果多加的一層，作為底層，就是所謂障礙層，或稱黏著層，它還有助於原金屬層與下層材料的結合，也有助於晶體顆粒的成長，增大顆粒，減少顆粒界面。這可以制約顆粒界面的擴散度，加強了電遷移的阻抗力。同理，也加強了應力遷移的阻抗力。當然，本來多加一層，就可提供原層如斷開以後繼續導電的後備路徑，避免實質斷電而產生的故障。

其它方法包括：選擇適當材料使金屬與介電質之間的熱膨漲差異儘量減少；降低沉積介電質時的溫度；選用可以承受高壓縮力的介電質等。

在佈局設計上，為了使金屬導線不要有急轉彎，有在直角轉彎處切一小塊，作成 45° 轉角的佈局法。也有在大電力線上，作細長缺口，一如圖 3-17（為了竹子結構）所示的佈局法。二者都基於減少應力的考慮。

與電遷移相同，接觸洞與連接洞也是應力遷移的麻煩製造處，因為接近它們的導體處往往也是應力較大的地方。空洞常見發生在靠近鋁或鋁合金導線的接觸洞與連接洞的地方，因為它們都以鎢金屬填充。如果是銅或銅合金導線，則因接觸洞與連接洞所用材料就是銅本身，空洞都見發生在接觸洞與連接洞的內部。

為了增加接觸洞與連接洞對應力遷移的阻抗，當然在製程上要特別謹慎小心；它們的填充必須實足，不能存有空隙，與導線的連結面也要緊密，不能預留孕育空洞的溫床。

通常在 IC 產品使用時，因為熱膨漲差異造成金屬導線上承受的應力很可能並未放鬆，此時，金屬導線同時受電遷移與應力遷移二物

理機制的影響。前面說過，金屬導線雖然受著應力（＝ε Δα ΔT），但如應力分佈均勻，可以處於平衡狀態，線內不會因應力而產生空洞。當導線通電，流有電子風，金屬導線會經由前一節在討論 Blech length 時提到的機制，多出一線性變化的應力（由伸張力，轉變到壓縮力）。這二種應力的合成，使得金屬導線上應力的分佈變成如圖 3-22a 中的實線所示。

　　如金屬導線因為放鬆應力，產生空洞，不論有無達到飽和狀態，這些空洞在電遷移與應力遷移二物理機制的聯合作用之下，會一方面繼續長大，另一方面借其內面的表面電遷移而向陰極移動。我們在前一節曾較詳細提過後者，此處不再贅述。小空洞會比大空洞移動得快。所以，小空洞可以追上大空洞，結合成更大的空洞。同時，由於電遷移的進行，整條線會產生足以平衡掉電遷移力的應力陡度（參考前一節有關 Blech length 的討論）。最後，全部的空洞傾向在陰極結合起來，達到其飽和的體積，

$$V_{sv} / V = 3\ \Delta\alpha\ \Delta T + Z^*q\rho J L / 2\varepsilon\Omega \qquad\qquad （3\text{-}25）$$

此時，陰極的應力完全釋放，而對應於空洞體積的質量則傾向聚集到陽極，形成小山丘或鬚狀的結晶物，有可能突入周圍的介電質，造成破壞。圖 3-22b 的實線顯示這種狀況時金屬導線上的應力分佈。

　　陰極的空洞集合可以因使電阻增加，或使斷線，造成故障。陽極的質量聚集可以因使漏電，或使介電質破裂、崩潰，造成故障。圖 3-23 是描述這種故障模式的簡單示意圖。

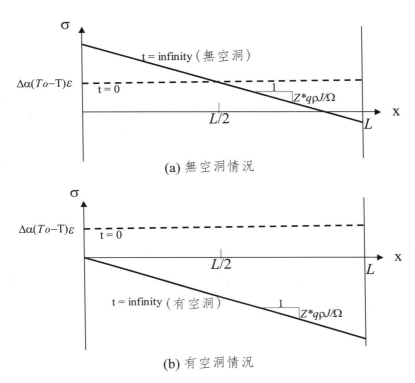

(a) 無空洞情況

(b) 有空洞情況

圖 3-22・EM 與 SM 結合作用下的應力分佈變化

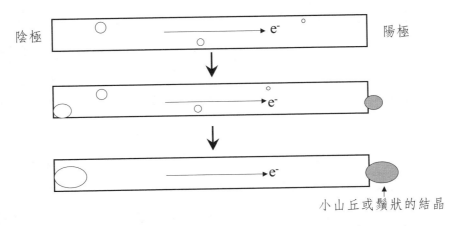

圖 3-23・EM 與 SM 結合作用下的故障模式示意圖

　　當然，事情不一定如此簡單。假如有空洞在未達到陰極之前，已經大到使得地域性電流密度，以及焦耳熱的增強，足以燒毀空洞附近的金屬導體，則圖 3-23 所示意的情況就來不及發生。不過，不管如何，這種因大空洞導致金屬導體燒毀的故障處還是傾向於發生在電子風的上游，也就是說，傾向於發生在較接近陰極的地方。而成小山堆（hillock）或鬚條（whisker）的成形也多傾向於發生在較接近陽極的地方。

3.5　靜電放電引起的潛藏性傷害（latent damage by ESD）

　　靜電放電（此後將逕稱 ESD）恐怕是最容易使 IC 零件受傷的一個物理機制。如果所謂受傷是發生在生產線上的最後測試之前，而且是致命性的（catastrophic），那麼，受傷的零件可經由最後測試刷掉，雖然，這當然會影響良率，但至少零件不會流落到客戶手上，經使用而造成可靠度問題。從可靠度的觀點，更麻煩的是，ESD 對 IC 零件造成潛藏性的傷害。所謂潛藏性傷害就是指 IC 零件雖然受傷了，但傷勢輕微，主要的電性參數都還正常，也能通過一般的應用功能測試；除非特別加以仔細分析，否則，很難判斷已經受傷。但經過使用之後，受傷處就開始漸漸惡化，使電性參數逐漸飄離規範範圍，最後導致故障。當然，這並不是說，ESD 造成致命性的傷害的，可以忽視，而造成輕微的潛藏性傷害的，反而才要加以正視。毫無疑問地，只要有 ESD 造成的傷害，不論輕重，都是必須予以謹慎正視的

問題。上面所言,不過強調 ESD 造成的傷害,可能到了被使用階段時才會顯現出症候的可靠度問題。因為如此,ESD 現象當然應該涵蓋在本書必須予以闡述的範疇之內。

兩物接觸,藉著**摩擦生電效應**(tribo-electric effect)而帶電。用物理學的語言來說,兩物接觸在接觸點,可能借著碰觸,傳遞給表面電子大於其**工作函數**(work function,就是使電子離開物體的最低能量)的能量。這些表面電子就可能由其中一物傳到另一物,使二者成為各自攜帶正負相異電荷的帶電體。如果是導體,所帶電荷會均勻分佈於其表面,使表面為等電位。這些電荷容易經由所有可能路徑走散掉。如果是絕緣體,所帶電荷傾向於停留在接觸點附近,直到與有通電放電的路徑接觸為止。日常生活中可以經常經驗到絕緣體經由摩擦生電的機制,而達到數千伏特(volts)電位的情況。人體基本上是絕緣體;人走過鋪有地毯或塑膠地板的房間,可能攜帶等於數千伏特的電荷;撿起一個塑膠袋,也可能使後者攜帶同樣伏特數的電荷。如果空氣乾燥,攜帶的電荷甚至可使其達到數萬伏特的電位。如果這種物體,未經防範,就隨意令其與 IC 零件接觸,可想而知,ESD 造成的傷害將難以估計。

從經驗裡,ESD 對 IC 零件造成的傷害,主要可歸類為如下幾種情況:

1. 閘極氧化層的破壞:ESD 經過閘極氧化層造成的傷害端視所經過的全部電荷量而定。這在氧化層的崩潰一節已經有詳盡的敘述。不過,因為 ESD 為瞬間高電流高溫的事件,熔化的複晶矽(閘極材料)可能形成細絲線,殘留在被傷害後的氧化層裡。
2. 矽/金屬細熔絲的形成:ESD 造成的瞬間高電流,不論經過金

111

屬導線，接觸洞，或矽基板內部，都可能因而引起高溫。在矽基板內部的電流，可能因為分佈的不均勻，大部分被限制在某小範圍內，溫度會火速增高。一旦溫度高到使矽變成本質半導體（約在 350℃ 以上）時，電阻就進入負溫度係數的狀況。即溫度愈高，電阻愈低，電流愈高，溫度又愈高，形成一種**熱暴衝**（thermal run-away）的情形。此時，熔化的金屬可以隨高電流的驅動（因此有稱此機制為**電熱遷移** electrothermalmigration, ETM 者），進入接觸洞，或更進入到 PN 接面，或甚至進入矽基板。熔化的金屬也有可能與熔化的矽，混在一起，貫穿矽基板。在 ESD 過後，冷卻下來，經固化，受傷零件就留下一條矽或金屬細熔絲（見圖 3-24），可能停在雜質擴散區；也可能穿透 PN 接面；甚至可能貫穿矽基板 。這種因高熱引起的熱暴衝現象，就是所謂的**第二次崩潰**（second breakdown），以有別於因 PN 接面發生雪崩似的載子快速倍數增加的**第一次崩潰**（first breakdown，或稱**雪崩似崩潰**，avalanche breakdown）。

3. 接觸洞的灌入（spiking）：如 2. 所述，當熔化的金屬熔絲，停在雜質擴散區的情況。

4. PN 接面（二極體）的破壞：如 2. 所述，當熔化的金屬熔絲，穿透 PN 接面的情況。

5. 電荷的被捕捉：因為 ESD 瞬間以大量電荷進入 IC 零件，即使沒有造成零件的物理傷害，有可能一部分的電荷會被零件內的結構捕捉限制住。這結構包括氧化層及其與相鄰其它材質的界面。這些被捕捉的電荷可能造成漏電流的增加，MOSFET 電性的飄移等。

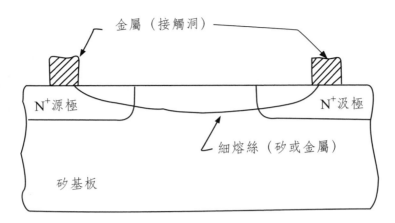

圖 3-24・由於電熱遷移造成貫穿基板的細熔絲

上述各種傷害的嚴重程度因情況而不同。但就如我們前面所說，基本上，傷害的嚴重程度可大致分成致命性，及潛藏性二種。

既然 ESD 對 IC 零件有造成上述各種傷害的可能性，IC 零件的 ESD 保護就非常重要。靜電的產生幾乎是很難避免的。但正本清源，在生產線上，謹慎加以控制，是可以避免經由放電造成的無可彌補的傷害。首先，因為乾燥的空氣適合靜電的產生，但太潮濕的環境又於機台設備有害，所以，應該考慮兩者的平衡點，慎選工作室內的相對濕度。通常，工作室內的相對濕度應設定在 40% 到 60% 之間。

靜電可經由工作人員與它物的接觸產生並攜帶。所以，工作人員本身是可怕的靜電源。凡工作人員必須有此基本認識，並應盡量配合，遵守執行應有的靜電防護措施。這起碼應該包括穿靜電衣、帽、鞋、手套，掛靜電環等。除了人員，機台設備、工作桌面是另外可能的靜電源。這些設施都應適當的予以接地。除此之外，在生產線上，一些比較有靜電疑慮或靜電敏感的區域，最好能加置離子吹風機，來

減少或中性化設備器具等可能產生的靜電。注意：在生產線上的這些靜電防護措施，並不全然針對 IC 產品本身而已。當 IC 尺寸不斷縮小，製造晶片製程中所須的光罩，也愈來愈容易受到 ESD 的傷害。我們知道光罩製作的成本很高，它如受到 ESD 傷害，常常是已經用來生產許多晶片之後才會被發現的事。在製造成本上的增加就更加可觀了。所以，生產線上的靜電防護措施應該是全面性的，不能眼光狹隘，只專注在某個範圍角度而已。

不論在工作環境、人員、及設施上如何加強靜電防護措施，IC 產品仍不能免於與生產線上這些必經的人事物接觸，也就不能保證 IC 產品能完全免於受 ESD 的侵入或傷害。所以，IC 晶粒本身設有自身的靜電保護線路，作為萬一有 ESD 侵入時，可以自我防衛，免於受傷的最後一道防線，也是非常重要的。

所謂靜電保護線路，就是當有 ESD 侵入 IC 零件時，它可以毫髮無傷地消耗 ESD 的電荷及能量，保護其它線路，不受侵害；而當 IC 零件在正常操作時，它又只是一種啞吧線路（dummy circuit），不作任何不必要的干擾。這種線路，基本上，可利用既有（或寄生）的線路，也可特意外加上去。不管是利用既有的，或是特意外加上去的，現今 IC 產品作為 ESD 保護線路的基本元件，還是不外乎大家耳熟能詳的電阻、PN 二極體，和 MOSFET 的這些基本元件而已。現僅概略說明它們用來作為 ESD 保護線路的基本原理。

1. 電阻：減慢 ESD 脈衝進入晶片線路的速率，並利用 joule 熱消耗 ESD 的部分能量。

2. 二極體：大部分連接 IC 零件焊接墊的內部線路都會有 N+ 到 P- 井（或 P- 基板），或 P+ 到 N- 井（或 N- 基板）的二極體

（如沒有，但須要，也可特別加上去）。如 ESD 是正電位的
脈衝，只要 P＋ 到 N- 井的二極體面積夠大，可經由其**順向偏
壓**（forward bias）的電流把 ESD 的正電荷消耗掉。同理，如
ESD 是負電位的脈衝，只要 N+ 到 P- 井的二極體面積夠大，也
可經由其順向偏壓的電流把 ESD 的負電荷消耗掉。注意：在正
常操作狀態時，二極體應該只能接受低於其崩潰電壓的**逆向偏
壓**（reversed bias）。

3. MOSFET：利用 MOSFET 為 ESD 保護元件，通常是特別加上
   去的。作法是將其汲極連接在焊接墊與被保護的線路之間。
   以 NMOSFET 為例，其閘極，與源極／基板一樣，為接地（即
   Vss，見圖 3-25）。當 IC 零件在正常操作時，MOSFET 處於
   關閉狀態，也就是所謂的啞吧線路。如有正電位的 ESD 脈衝

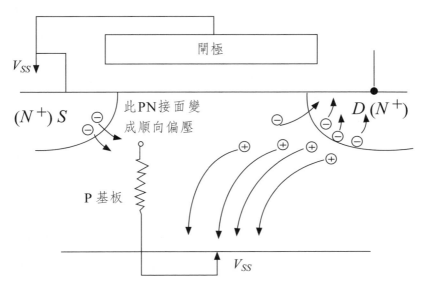

圖 3-25．MOSFET 作為 ESD 保護線路機制之圖示

侵入，在 NMOSFET 的汲極造成超過汲極到基板（N+ 到 P 基板的 NP 接面）的二極體的崩潰電壓時，從 NP 接面的高電場區裡，將產生大量的電子—電洞對。電子及電洞分別被電場掃入汲極及基板；電子為汲極所吸收，足以消耗一部分的 ESD 電荷；電洞（**多數載子**，majority carriers）進入基板，形成基板電流。這些電洞走過基板的有效電阻，達到 *Vss*，會產生一定的電位差。因此，在基板靠近源極附近的部位，電位高於 *Vss*。如果汲極電壓繼續增加，上述效應會更加強，使得基板靠近源極附近部位的電位更升高，最後，終於使源極到基板的 PN 接面成為順向偏壓的二極體。此時，大量電子（少數載子）從源極射入基板。這些電子為汲極所吸收，並在經過汲極／基板接面的高電場區造成更多的電子—電洞對。原來作為啞吧線路的 MOSFET，於是變成一個開啟的 NPN **雙載子電晶體**（bipolar transistor）。當雙載子電晶體開啟之後，支持同樣大小的汲極電流所須的汲極（對 *Vss*）電壓，比純粹 NP 接面的崩潰電壓小得多。所以，在汲極量到的 *I-V* 特性曲線就有所謂的**彈回**（snap-back，參考圖 3-26）。彈回之後，元件就進入前面曾經提到過的第二次崩潰。因為高電流引致高溫，而高電流極容易分佈不均勻，因此，高溫多會被拘限在某特殊範圍之內。在此範圍內，半導體因高溫進入本質狀態。因本質半導體的載子濃度，隨溫度而急速增加，所以一旦進入第二次崩潰，就伴隨所謂的熱爆衝，除非電流從外加以限制，否則，元件極可能以前面談過的 ESD 傷害終結。為了能讓 MOSFET 用最佳狀態來保護 IC 內部的電路，須在製程及佈局上調整，使

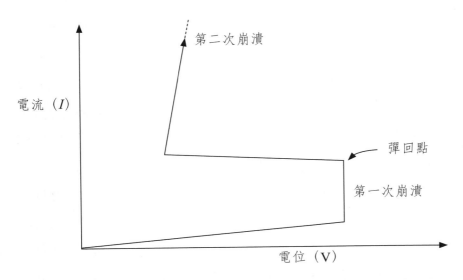

圖 3-26・MOSFET 作為 ESD 保護時之 I-V 特線曲線

　　彈回發生點的電流夠大，在 MOSFET 進入第二次崩潰前，就能吸收大部分 ESD 脈衝進來的電荷為原則。其中，如何能讓電流均勻分佈於整個 MOSFET，應該是製程及佈局上的一個重要考量。

　　雖然還有其它 ESD 保護線路的元件被業界採用，但如果將上述三種元件，或及其組合加以妥善利用，並在製程及佈局上仔細加以最佳化，通常就應該足以滿足業界一般對 IC 零件規定的 ESD 保護應有的規格。

　　問題是如何去評鑑 IC 零件上的 ESD 保護是否足夠。多年來，業界普遍採用三種不同的測試模型來評鑑 IC 零件上的 ESD 保護是否足夠；包括 1. **人體模型**（human body model，簡稱 HBM），2. **機器模型**（machine model，簡稱 MM），3. **帶電元件模型**（charged device model，簡稱 CDM）。茲將這些模型一一介紹如下。

1. 人體模型：顧名思義，人體模型是模仿人體帶靜電而放電的一種測試模型。HBM 測試裝置的基本線路如圖 3-27 所示，這代表人體像一個 100pF 的電容器，可經一約 1.5KΩ 的串聯電阻放電。當圖 3-27 中的電容器充電（當切換器停在 A 點時）達到某預設電壓之後，切換器由 A 點轉到 B 點時，會產生所謂的 ESD 脈衝，進入待測的 IC 零件（DUT，代表 device under test）。雖然確切的波形與 DUT 有關，但 ESD 脈衝的基本電流波形如圖 3-28 所示。在不到 15ns 之內，電流會達到極大值。電流的極大值正比於代表人體的電容器的起始電壓。如起始電壓為 1,000V，電流的極大值約在 700mA 左右。之後，ESD 脈衝差不多在數百 ns 之內衰退掉。測試 DUT 在某隻連接腳連接的內部線路是否有足夠的 ESD 保護，通常以代表人體的電容器從某個低電壓開始，作 ESD 脈衝放電。然後，測試 IC 零件，如果測試發現有異狀，表示 IC 零件已經受到傷害。如果測試無異狀，則代表人體的電容器的電壓可逐步增加，直至測試發現有異狀為止，以決定受測試的連接腳線路對 ESD 的阻抗程度。事實上，業界關於 HBM 的 ESD 測試及結果的判定，有一定統一的規格。將於第五章再予介紹。

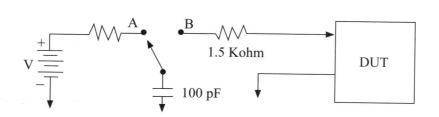

圖 3-27・HBM 測試裝置基本線路圖

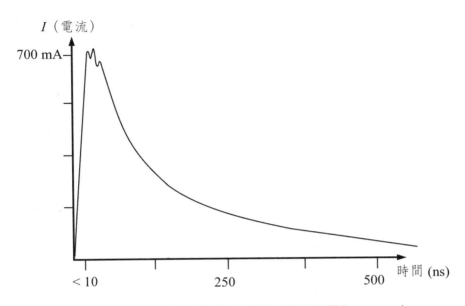

圖 3-28・HBM 脈衝基本電流波形（起始電壓為 1,000V）

2. 機器模型：與人體模型同樣地，顧名思義，機器模型是模仿機器帶靜電而放電的一種測試模型。MM 測試裝置的基本線路如圖 3-29 所示，這代表機器像一個 200pF 的電容器，不經任何串聯電阻而放電。但因為沒有串聯電阻阻抗，所以測試機台與 DUT 之間的寄生電感對測試波形的影響，就不能完全忽略，這反映在圖 3-29 中於測試機台與 DUT 之間所加的電感。當圖 3-29 中的電容器充電（當切換器停在 A 點時）達到某預設電壓之後，切換器由 A 點轉到 B 點時，會產生 ESD 脈衝，進入待測的 DUT。雖然確切的波形也與 DUT 有關，但 ESD 脈衝的基本電流波形如圖 3-30 所示。在不到 10ns 之內，電流會達到極大值。以同樣大小的起始電壓而言，這極大值約為 HBM 的十

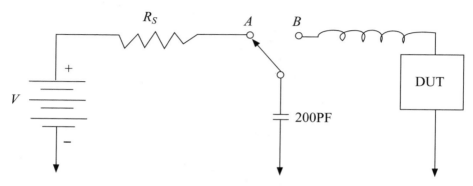

圖 3-29・MM 測試裝置基本線路圖

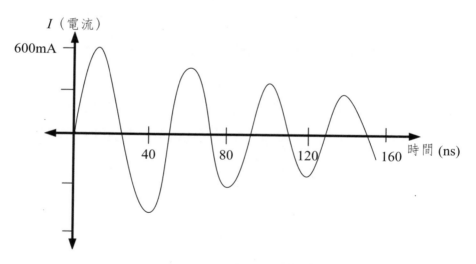

圖 3-30・MM 脈衝基本電流波形（起始電壓為 100V）

倍。但與 HBM 更大的不同是 MM 的脈衝波形，因不能忽略電感的存在，是振盪的，在數百 ns 之內，作幾次的正負來回振動。測試的方法基本上與 HBM 相同，此處不再贅述。MM 之

ESD 波形，因與機台、DUT 之間的耦合電感強相關，所以常因機台、DUT 的不同而測試結果難以一致，這是應特別提醒讀者注意的。

3. 帶電元件模型：帶電元件模型與前二模型不同的是其模仿放電的靜電，並非來自外界，而是來自元件本身。IC 零件自身所以帶電最可能的來源包括製程及受到附近強電場的感應二者。CDM 測試裝置的基本線路如圖 3-31 所示，除了機台、DUT 本身具有的電阻、電容、電感之外，基本上，沒有其它電路基本元素存在於測試電路之間。當圖 3-31 中的切換器，在電源處於某預設電壓之下，由 A 點轉到 B 點時，會產生 ESD 脈衝，衝擊 DUT。雖然確切的波形更與 DUT 有關，但 ESD 脈衝的基本電流波形如圖 3-32 所示。通常，在不到 10ps 之內，電流會達到極大值。以同樣大小的起始電壓而言，這極大值也約為 HBM 的十倍。但與 HBM/MM 很大不同的是 CDM 的脈衝波形，因小 C、L、R（電容、電感、電阻）線路寄生存在的緣故，是快

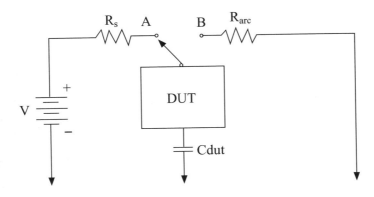

圖 3-31．CDM 測試裝置基本線路圖

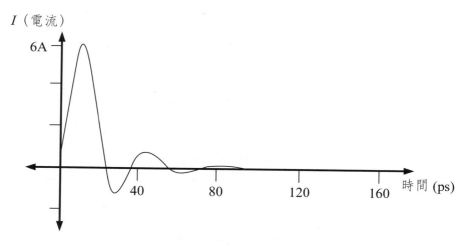

圖 3-32．CDM 脈衝基本電流波形（起始電壓為 1,000V）

速振盪的，在數百 ps 之內，作幾次的正負來回振動。測試的方法基本上與 HBM/MM 相同，此處也不再贅述。CDM 與 MM 一樣（或者更有過之），其 ESD 波形，因與機台、DUT 之間的寄生 C、L、R 強相關，所以常因機台、DUT 的不同而測試結果也難以一致。這應是業界迄今一直沒有將 CDM 歸入標準測試項目的主要原因。

上面介紹的 ESD 測試三模型都只是用來評鑑已經成品的 IC 零件對 ESD 的阻抗度。然而，更重要的應是在 IC 零件設計及製程的研發階段中，有便利的方法或工具，可以評估其中保護元件（即電阻、二極體、MOSFET 等）的 ESD 阻抗力，隨時修正改進，以求在製程及佈局上達到對抗 ESD 的最佳化。**傳輸線脈衝測試與傳輸線脈衝發生器**（transmission line pulse testing and transmission line pulse generator，簡稱 TLPT 與 TLPG）就是這樣的一種方法與工具。TLPG

可以產生簡短（約 75-200ns）的類似 HBM 的高電位（流）方形脈衝。測試的重點是：讓這脈衝進入待分析的元件的同時，高速量測經過元件的電流及電位。如此可以獲得在逐步增加強度的 ESD 脈衝下，元件對應的 *I-V* 特性曲線。毫無疑問地，這組 *I-V* 特性曲線所代表的數據對於了解元件的 ESD 阻抗力，及因此如何增強此能力，有莫大的助益。圖 3-33 是 TLPG 用作 TLPT 的線路簡圖。

假如 TLPT 的 DUT 是 MOSFET，其得到的 *I-V* 特性曲線將類似前面談過的圖 3-26 所示。一般而言，第二次崩潰的發生點所對應的 TLPG 脈衝電位，應與此元件可忍受的 HBM 的脈衝電位相近。TLPG 還有一個分析上的優點。就是在每次脈衝，獲得元件對應的 *I-V* 特性數據組合之後，可以另外測量元件在對應電壓下的漏電流。這樣量得的結果往往顯示在第二次崩潰的發生點，漏電流才會發生明顯的劇增；證明元件的實質傷害。但是有時也有例外；實驗的結果顯示，偶而，在第二次崩潰的發生點以前，漏電流已有明顯的增加（參考圖 3-34），雖然到了第二次崩潰的發生點時，漏電流的增加會更顯著。這種漏電流在第二次崩潰前發生的「軟」變化，從元件本身由 TLPT 得到的 *I-V* 特性曲線通常是看不出來的。漏電流的「軟」變化極可能就是前面提過的 ESD 造成潛藏性傷害的表徵。如果 TLPT 的漏電流有「軟」變化，應該盡力找出真因，謀求解決之道，以確保元件的 ESD 保護能力，及增強 IC 零件的可靠度。

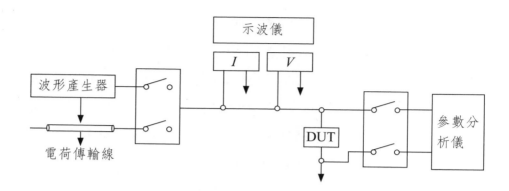

圖 3-33・TLPG 用作 TLPT 簡圖

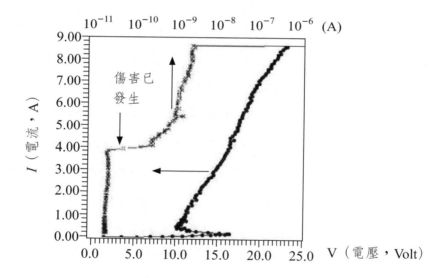

圖 3-34・TLPT 測得的 MOSFET 之 I-V 特性曲線
（I-V 曲線（深色），漏電流（淺色））

3.6 CMOS 寄生雙載子電晶體引起的電路門鎖及其傷害

　　CMOS 技術製造出來作為基本的**反轉器**（inverter）的 IC 電路，不可避免地，一定含有寄生的兩種雙載子電晶體（參考圖 3-35）。一種是 npn 雙載子電晶體；寄生於 NMOSFET 的源極 N＋擴散區，P- 基板，及置放 PMOSFET 的 N- 井（為了討論簡單起見，假設所用 CMOS 技術建於 P- 基板／N- 井內）之上。另一種是 pnp 雙載子電晶體；寄生於 PMOSFET 的源極 P＋擴散區，N- 井，及置放 NMOSFET 的 P- 基板之上。注意：P- 基板及 N- 井是被這兩種雙載子電晶體共用的二極；只是對 npn 雙載子電晶體而言，P- 基板為雙載子電晶體的**基極**（base），而 N- 井為雙載子電晶體的**集極**（collector）；對 pnp 雙載子電晶體而言，二極正好交換。當 CMOS 線路在操作時，這兩種雙載子電晶體也可能跟著處於活動的狀態。如果雙載子電晶體

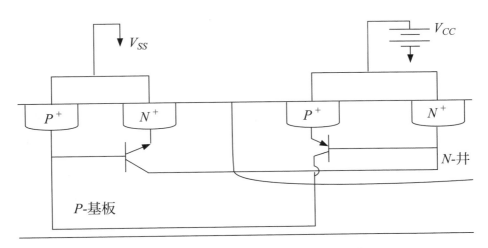

圖 3-35．CMOS 線路寄生的雙載子電晶體簡圖

的**電流獲得率**（current gain）不高，即使如此，並不影響 CMOS 的基本操作，尚無大礙。但如果電流獲得率高到一個程度，共用二極的兩種雙載子電晶體之間的互饋作用，就不能等閒視之。其中之一的雙載子電晶體集極電流的提高，成為另一雙載子電晶體基極電流的增大；而此基極電流的增大，又跟著使其集極電流提高。如此，不斷相互回饋，如兩種雙載子電晶體電流獲得率高到某個程度時，這種相互回饋的機制會使線路從穩定而轉移成不穩定。其終極結果就是使 PMOSFET 的 P+ 擴散區及 NMOSFET 的 N+ 擴散區間，處於類似短路——低電壓、高電流——的被稱為 CMOS **閂鎖**（latch-up）的狀態。這種狀態對 IC 零件通常是毀滅性的，破壞力極大。即使幸而能夠不受物理傷害，IC 零件在電性上也會被鎖定在類似短路的狀態。除非關掉電源，再重新開啟，否則，CMOS 線路無法繼續運作。一個 IC 零件，如果對 CMOS 閂鎖的阻抗不良，在其生命週期內的任何點，因為外部電力或內部電位的波動，都有可能發生閂鎖現象。基本上，是一種本質上缺陷引起的可靠度問題。在浴缸曲線中，它的故障率由中間底部平坦部分所代表。

其實，兩個寄生雙載子電晶體因共用 N- 井與 P- 基板，合成的結構正是一個被稱為**半導體控制整流器**（semiconductor-controlled rectifier，簡稱 SCR）的 PNPN 四極體。圖 3-36 將這 PNPN 四極體用簡單的圖案表示出來。在 CMOS 電路的應用裡，N- 井與置於其中的 PMOSFET 源極 P+ 擴散區通常為共同接地（*Vss*）；P- 基板與置於其中的 NMOSFET 源極 N + 擴散區通常為共同接電力線（*Vcc*），圖 3-36 也將這種 SCR 四極外接的偏壓圖示出來；另外，圖 3-36 中，以 *Rw* 代表 N- 井接觸洞與源極 P+ 擴散區接觸洞之間在 N- 井的**旁路電阻**

（shunting resistance）；以 R_s 代表 P- 基板接觸洞與源極 N+ 擴散區接觸洞之間在 P- 基板的旁路電阻（參考圖 3-36）。在 N- 井與 P- 基板之間，從電路上來說，是由 Vcc 及 Vss 的逆向偏壓產生的空乏區對應的電容所佔據，這也一併標示在圖 3-36 中。

　　假設兩個雙載子電晶體的電流獲得率夠大（何謂夠大？將在後面澄清），變化 Vcc 相對於 Vss 的電壓，將得到如圖 3-37 的 SCR 四極體的 *I-V* 特性曲線。基本上，*I-V* 特性曲線告訴我們 SCR 四極體有三個不同的操作區段：1. 電流顯示兩雙載子電晶體開始進入操作階段，即 pnp 與 npn 的**射極**（emitter）／基極接面都在順向偏壓；而中間的 N- 井／P- 基板的接面在逆向偏壓。當外加電壓持續增加，增加的電壓大部分用來增加 N- 井／P- 基板接面的逆向偏壓，同時，微量增加兩雙載子電晶體的射極／基極接面的順向偏壓。這使得經過 SCR 的電流快速增加。2. 當外加電壓增加到某一點（圖 3-37 的 k 點，k 代表 knee），此時，進入前面說過的因夠大的電流獲得率，二雙載子電晶體正向地相互回饋，SCR 結構進入不穩定狀態：N- 井／P- 基板接面的空乏區開始崩潰（注意：是空乏區崩潰，不是經由電子—電洞對雪崩似放大的崩潰），逆向偏壓於焉迅速下降，*I-V* 曲線從高電壓、低電流的一邊，橫掃（或稱 breakover）過去，跑到低電壓、高電流的另一邊。3. 當達到圖 3-37 的 h 點（h 代表 holding），SCR 結構中的三個 PN 接面都處於順向偏壓之下。此時，SCR 總和電壓約等於一個順向偏壓與其它存在串聯的歐姆式電壓的和。稍微再增加一點外加電壓，四極體便類似一短路線路，電流迅速增加。而且，電壓被鎖死在 h 點以上，除非把外加電壓除掉，否則，不能再降低（故 h 點稱**撐住點**，holding point）。這是這狀態為什麼被稱為 CMOS 閂鎖的原因。

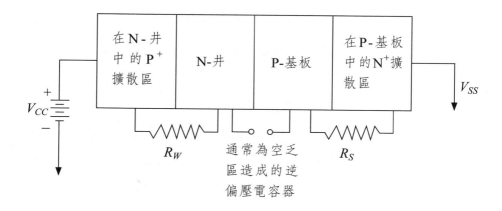

圖 3-36・二雙載子電晶體構成的 PNPN 四極體（SCR）簡圖

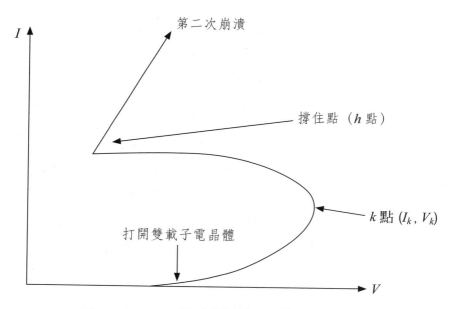

圖 3-37・SCR 四極體的 *I-V* 特性曲線（$\alpha_1 + \alpha_1 > 1$）

回到何謂雙載子電晶體的電流獲得率夠大的問題。為了回答這個問題，且將圖 3-36 改成比較適合電路分析的簡單線路圖——圖 3-38。通常認為 CMOS 閂鎖可以二種方法加以激發（triggering）：1. **DC 激發**（DC triggering），及 2. **過渡激發**（transient triggering）。因為基本上，過渡激發正是前面產生如圖 3-37 中 CMOS 閂鎖 *I-V* 特性曲線的過程，所以我們將先藉圖 3-38 的電路，分析過渡激發中的物理。之後，對 DC 激發的理解，就順理成章，知道它不過是過渡激發的特殊狀況而已。

R. R. Troutman 與 H. P. Zappe （見本章參考文獻 31）是分析 CMOS 閂鎖過渡激發的先鋒研究者。他們的分析發現，在產生過渡激發的過程中，處於逆向偏壓下的 N-井／P- 基板接面電容在迅速轉變的閂鎖過程中扮演重要的角色。圖 3-38 中電路中的所有電流分量，包括經過 N-井／P- 基板接面的電容者（I_j），皆為時間 t 的函數。

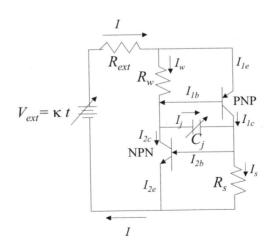

圖 3-38．代表 SCR 四極體作過渡激發的等價線路圖

　　讓我們考慮 SCR 電路在受到一快速升高的外加 *Vcc* 的電位之下的過渡情況。在任一時間 *t*，每個電路線段流過的電流都以符號標示在圖 3-38 裡。全部電流 *I* 從 *Vcc* 電力線流進，從 *Vss* 地線流出。注意：經 R_w 及 R_s 的旁路電流 I_w 及 I_s，是使跨越旁路電阻的電壓能達到打開兩個雙載子電晶體所需要的順向偏壓（約 0.6-0.7V）。後面的分析假設已經達到這種狀況。當電路在 *Vcc* 升高之初，N-井／P- 基板接面的電容會被「充電」，所以，*Vcc* 的升高並不完全轉為 *I* 的升高。後面的電路分析將幫助了解。

　　首先，從簡單的電路 Kirchoff 電流規則，可以發現，

$$
\begin{aligned}
I &= I_{1e} + I_w = I_{1b} + I_{1c} + I_w \\
&= I_{2c} + I_j - I_w + I_{1c} + I_w \\
&= I_{1c} + I_{2c} + I_j \\
&= \alpha_1 I_{1e} + \alpha_2 I_{2c} + I_j \\
&= \alpha_1(I - I_w) + \alpha_2(I - I_s) + I_j \\
&= \alpha_1 I + \alpha_2 I - \alpha1 I_w - \alpha_2 I_s + I_j
\end{aligned}
\tag{3-26}
$$

式中，α_1 及 α_2 分別為 pnp 與 npn 電晶體的**共基極電流獲得率**（$= I_c /$ I_e，commom-base current gain）。式（3-26）可重新排列，改寫為，

$$
I = (\alpha_1 I_w + \alpha_2 I_s + I_j) / (\alpha_1 + \alpha_2 - 1)
\tag{3-27}
$$

上式告訴我們 $\alpha_1 + \alpha_2 - 1 > 0$，保證方有意義的 $I > 0$，亦即 $\alpha_1 + \alpha_2 > 1$，為產生 CMOS 閂鎖的必要條件。也就是前面所言雙載子電晶體的

電流獲得率夠大的最基本條件。

定義 $(\alpha_1 I_w + \alpha_2 I_s)\,/\,(\alpha_1 + \alpha_2 - 1)$ 為 I_k，式（3-27）可簡縮重寫為

$$I_j = (\alpha_1 + \alpha_2 - 1)\,(I_k - I) \qquad\qquad （3\text{-}28）$$

在 Vcc 開始上升之始，$I < I_k$，故 $I_j > 0$，表示 N- 井 / P- 基板接面的電容會先被「充電」，當 I 增至 I_k 時（如可能的話），$I_j = 0$（對應於圖 3-37 中的 k 點），電容「充電」停止，也就是 N- 井 / P- 基板接面的電位達到最大的時候。此時，Vcc 的上升不必「浪費」於 N- 井 / P- 基板接面的電容的「充電」，電流增加率顯著升高。當 $I > I_k$（如可能的話），則 $I_j < 0$，表示 N- 井 / P- 基板接面的電容轉為「放電」，也就是 N- 井 / P- 基板接面的空乏區及橫跨電位開始縮小。此對應於圖 3-37 中 $I\text{-}V$ 曲線不穩定的橫掃區段。最後的結果當然是 N- 井 / P- 基板接面空乏區的最小化，達到其自然的**內建電位**（built-in potential）狀況，即在圖 3-37 中 $I\text{-}V$ 曲線的所謂撐住點。也就是 CMOS 閂鎖被過渡激發了。

我們也可另從沿經過 R_{ext}、R_w、C_j、R_s 的電路分析來了解過渡激發的過程。從簡單的電路 Kirchoff 電壓規則，電壓 V_{ext} 可化為其分量電壓，

$$V_{ext} = IR_{ext} + I_w R_w + V_j + I_s R_s \qquad\qquad （3\text{-}29）$$

式中，V_j 代表跨越 N- 井 / P- 基板接面的電容的電壓。

取式（3-26）兩邊對時間 t 的變化率，得

$$dV_{ext} / dt = R_{ext}dI / dt + d(I_wR_w + I_sR_s) / dt + dV_j /dt \quad （3-30）$$

設 $dV_{ext} / dt = \kappa$，為一常升高率，

又假設 $I_wR_w = I_sR_s = V_{fb}$，為使雙載子電晶體打開的射基極間的順向偏壓，約在 0.6-0.7V 間的常數。另因 $dV_j /dt = I_j / Cj$，將式 3-28 代入式 3-30，經一番代數整理，可得，

$$R_{ext}dI / dt$$
$$= \kappa + (\alpha_1 + \alpha_2 - 1) (I - I_k) / C_j \quad （3-31）$$

如果 C_j 是一常數，式 3-31 為描述 I 隨時間變化的一次線性方程式。若令

$$A = [\kappa C_j - (\alpha_1 + \alpha_2 - 1) I_k] / (C_jR_{ext}) \quad （3-32）$$

及

$$B = (\alpha_1 + \alpha_2 - 1) / (C_jR_{ext}) \quad （3-33）$$

式 3-31 可簡化為

$$dI / dt = BI + A \quad (3-34)$$

其通解為

$$I = (I_o + A / B) \exp(Bt) - A / B \qquad （3\text{-}35）$$

注意：電流顯然以特性時間 $1/B$ 作指數變化。能否超過 k 點，端視 I_o + A/B 是否為正數而定。即 $I_o + A/B > 0$ 為達到 CMOS 閂鎖的激發條件。此條件亦可寫成

$$\kappa C_j > (\alpha_1 + \alpha_2 - 1)\,(I_k - I_o) \qquad （3\text{-}36）$$

式 3-36 告訴我們，只要在初始，Vcc 上升速率，κ，夠大，則 CMOS 閂鎖一定可以達到。數學上又可証明：如 κ 夠大到使二雙載子電晶體打開（即射基極間的順向偏壓在 V_{fb} 以上），則基本上也一定夠大到滿足式 3-36。但這結論完全因假設 N- 井／P- 基板接面電容 C_j 為常數之故。我們知道這假設是不正確的，因為事實上，C_j 跟著跨越接面電位的增加，及空乏區的增大，而降低。一般，C_j 可以近似表現為下式，

$$C_j = C_o / (1 + V_j / \phi_{bi})^n \qquad （3\text{-}37）$$

式中，ϕ_{bi} 為接面的內建電位；如接面可視為 **階梯接面**（step junction），n = 1/2,；如接面可視為 **線性陡坡接面**（linearly graded junction），n = 1/3。

　　筆者當年（見本章參考文獻 10）有幸躬逢過渡激發研究之始，曾經將 C_j 隨著外加電位而變化的因素，加入分析（亦即用式 3-37）。發現 CMOS 閂鎖的發生，與外加電位提高的速率有關。原因主要是 N-井／P- 基板接面電容隨著外加電位升高而減低。如果外加電位提

高的速率過低，電流在還未達到 k 點時，就可能因 N- 井／P- 基板電容的衰減而開始降低。因此，即使二雙載子電晶體都已打開，而且 $\alpha_1 + \alpha_2 > 1$，CMOS 閂鎖還是可能不會發生。筆者將此現象稱為**內部動態恢復**（internal dynamic recovery）。圖 3-39 顯示用階梯接面 (2) 與線性陡坡接面 (3) 近似表示 C_j 與接面電位的關係（式 3-37）去作數值計算 CMOS 電路中過渡電流隨時間變化的圖形，並與假設 C_j 為常數的情形 (1) 作比較。在所有的物理參數都一樣（包括式 3-37 中的 C_o）的情形之下，曲線 (2) 與 (3) 明顯地出現內部動態恢復的現象，而 (1) 則否。

了解了過渡激發，就很容易明白 DC 激發了。其實，它可視為過渡激發中沒有 I_j（參考式 3-28）的特殊情況。此時，$I = I_k$。所以，I_k 為 DC 激發的**激發電流**（triggering current）。也就是說，要引起 DC 激發，灌進 N 井，或抽取 P 基板的 DC 電流，至少要大於 I_k。

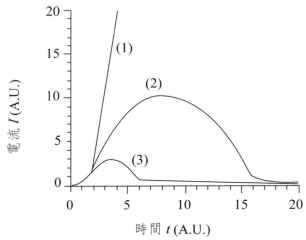

圖 3-39　SCR 結構在外加電壓 Vcc 上升下電流隨時間之變化：除了式 3-37 中的 n，三不同曲線皆用相同物理參數值計算而得。曲線 (1) $n = 0$；曲線 (2) $n = 1/3$；曲線 (3) $n = 1/2$

　　從以上的分析來看，就防止 CMOS 閂鎖的發生而言，可從三個方向著手（依被考慮的優先順序）：1. 盡量不讓二雙載子電晶體被打開；2. 盡量降低二雙載子電晶體的電流獲得率；3. 盡量減少不須要的電力線上的快速電位變化（即雜音）。

　　要使二雙載子電晶體盡量不被打開，就是盡量減低 N- 井 / P- 基板中的旁路電阻 R_w 及 R_s。為此，最簡單直接的方法，莫過於在每一個 PMOSFET 汲極擴散區的接觸洞就有 N- 井接觸洞與之緊密相連，以減少之間的距離，降低其旁路電阻至最小。同法，在每一個 NMOSFET 汲極擴散區的接觸洞就有 P- 基板接觸洞與之緊密相連，以減少之間的距離，降低其旁路電阻至最小。不過在實際佈局上，並不一定適合這樣做，因為這會消耗很多的 IC 表面。所以，通常會輔以其它的辦法來減低旁路電阻。譬如：增加 N- 井 / P- 基板比較深處部分的雜質濃度，以增高載子密度，降低電阻係數。就 N- 井而言，實際的做法，有利用所謂的**逆行井**（retrograde well）的佈植技術；就是在作井工程時，調整離子植入的次數、能量、及劑量，使井內的雜質濃度隨深度的變化，在表面，不影響表面元件的電性操作，而在深處，雜質濃度增高，以達到降低旁路電阻的目的。就 P- 基板而言，實際的做法，有利用所謂的**晶體取向接長**（epitaxy）的佈植技術；就是矽晶片在長成的過程中，在適當的深度區間內，混以較高濃度的雜質。其目的當然也在降低相關的旁路電阻。

　　不過，為了 IC 零件整體的操作，各種降低旁路電阻的辦法總有其極限。因此，我們就不能不考慮上列優先順序上的第二個辦法，即降低二雙載子電晶體的電流獲得率——最好能讓 $\alpha_1 + \alpha_2 < 1$，則 CMOS 閂鎖就不會發生。有不少在製程 / 佈局設計上，降低雙載子

電晶體的電流獲得率的方法，其中，包括增加基極的寬度、增加基極的雜質濃度（幸運地，這兩者與第一個辦法沒有衝突）、在基極內添加使載子容易**復合**（recombine）的材料、在基極與集極之間，另加一收集載子的**保護環**（guard ring）、利用所謂的三井工程、利用所謂的**溝槽隔離**（trench isolation）技術等。這些方法雖然不一定用到量產的製品上，但都曾經被業界研究過用來增加 IC 零件對 CMOS 閂鎖的阻抗力。其結果都曾經發表在學術期刊文獻上。

但因為雙載子電晶體的電流獲得率與電晶體的幾何／製程結構關係十分複雜。尤其甚者，它又是電流本身的非線性函數，因此，我們很難保證，即使依上述各種方法作了對抗 CMOS 閂鎖的防範，一個今日動輒含有數以百萬計的 CMOS 線路的 IC 零件，要能令其完全免於陷入 CMOS 閂鎖的狀態，最後一道防線——減少電力線上快速的電位變化（即雜音）——還是同等重要。IC 電路設計師應該致力於電路設計，避免造成電力線對地線可能的高頻率跳動（bumping）。電路系統設計師也應該致力於系統電路設計，避免造成電力輸入線對地線可能的快速**超射**（overshoot）應有的電位。其它，也可降低具有隅合線路作用的 N-井／P- 基板接面電容 C_j，使過渡激發難以達成。這可儘量減少 N- 井／P- 基板接面面積的方法來辦到。

只有像上面所述，儘管從 CMOS 閂鎖產生的過程來看，防制之道雖有其先後優先順序，但為了減低，或甚至杜絕其發生的可能，宜三管齊下；從盡量降低旁路電阻，減低雙載子電晶體的電流獲得率，到盡量防止電力線上的雜音，都應加以嚴肅考慮，一併同等對待。我們前面說過，CMOS 閂鎖一旦發生，多是致命性的。但更麻煩的是，經過故障分析，經常很難將它造成的物理傷害與其它故障原因引

起的傷害分辨清楚。筆者大膽懷疑，許多被業界故障分析工程師簡單判定為 EOS（**電路過度壓迫**，electrical over-stress）造成的 IC 零件故障，有可能是在經歷 CMOS 閂鎖之後，遺留下來的劫後災情。

3.7　α 粒子造成的軟性錯誤（soft error）

通常，IC 零件操作時，如果發生訊號或數據錯誤，究其原因，多為有缺陷所引起。這種缺陷，若非源於設計，就屬製程上的問題。到了錯誤出現時，甚至零件已經可能帶有程度不一的物理傷害，我們在前面不同的可靠度題目裡，曾經談到許多實際的例子。但有一種訊號或數據的錯誤，卻非這類缺陷而起；設計既非不良，製程也沒有導致任何明顯的物理缺陷，錯誤又屬暫時性的———一旦加以改正，很少可能會再重複出現。所以，就算是一種可靠度的問題，也相對地，比較並不嚴重。這一類的錯誤，就被稱為軟性錯誤，以有別於一旦發生錯誤，就無法逆轉，或稱**硬性錯誤**（hard error）的故障情況。

舉例來說，如果記憶體 IC 的數據發生軟性錯誤，我們可以認為這是儲存在單位記憶胞（電容器）內的電子數目改變了；但記憶體 IC 的整體線路並沒有改變。只要數據重寫，線路的操作就一切恢復正常。

產生軟性錯誤的罪魁禍首，多來自周遭環境的高能量粒子，而非來自 IC 零件本身。從實際經驗知道，可能造成軟性錯誤的高能量粒子，包括從含有核子衰變的 IC 封裝材料放射出的粒子（主要為 α 粒子）、宇宙射線中含有的高能量中子及質子等。

　　普遍用來作為 IC 封裝材料的礬土（Al_2O_3，alumina），因取自大自然，不可避免地，含有微量（約百萬分之幾，或若干 ppm）的放射性元素鈾（uranium）和鉈（thallium）的同位素。這種放射性元素在其核子衰變過程中，放射出能量介於 3.95 到 9 MeV 之間的 α 粒子。

　　宇宙射線中含有的高能量質子會被地磁場阻隔，很難到達地面。宇宙射線中的高能量中子，則因為不具電荷，不受磁場影響，可以到達地面，只是在那之前，因不斷地與高空物質碰撞，損失能量，到達地面已成為能量散失殆盡，只剩熱能的熱中子。這種熱中子如與 IC 產品中可能存在的硼的同位素 $_5B^{10}$ 產生分裂核子反應，也可產生 1.47MeV 的 α 粒子（同位素 $_5B^{10}$ 極可能存在於 IC 產品中作為介電質的 BPSG 氧化層之中；因為 BPSG 中的 B（硼），都取自地球的硼礦砂，含有二種同位素：即含量成 20%：80% 之比的 $_5B^{10}$ 與 $_5B^{11}$）。

　　具有這種能量的 α 粒子，一旦射入晶片，會延著其走過的軌跡，產生電子—電洞對。這些電子—電洞對，如產生於 DRAM 作為儲存記憶的電容空乏區內，或 SRAM 作為儲存記憶交耦電路中 PN 接面的空乏區內，因其中既存的電場，而被快速分開。空乏區的電荷量或電位將因而改變（參考圖 3-40）。其結果，致使 DRAM 或 SRAM 儲存的數據（「0」或「1」）可能改變（由「0」變「1」，或由「1」變「0」）。這種改變，對 DRAM 而言，可能是暫時的。對 SRAM 而言，則可能直到數據重寫之前，不會改正回去。

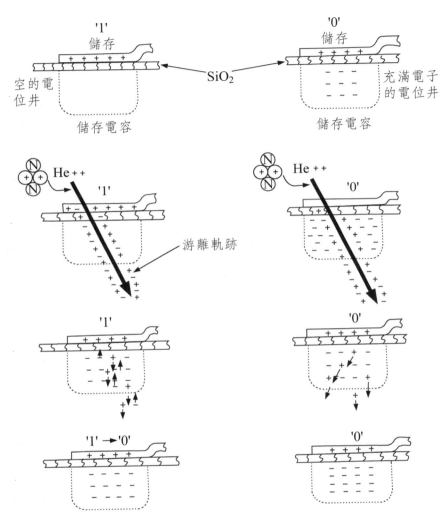

圖 3-40・α 粒子對於記憶體電容造成干擾之圖示

其實，α 粒子射入空乏區內，對其電性的干擾、改變，並不像圖 3-40 中所顯示的那麼簡單。下面，以 α 粒子射入 N⁺P 接面為例，敘述它對接面空乏區造成電性干擾與改變的較確切的情況。首先，當 α

粒子進入矽晶片，電子—電洞對分佈在以前者的軌跡為軸心的一圓柱體內（見圖 3-41a）。在空乏區內，由於原本存在的電場，使電子、電洞分別向正負極移動而分離。這電載子的分離，降低了空乏區中原有的電場強度，空乏區的電位差因而縮小。為了補足這電位差的縮小，電場延著 α 粒子的軌跡，向下延伸進入基板深處。電場的侵入，使原本在空乏區底下混合在一起的電子、電洞重新分佈。電子趨向於集中到以粒子軌跡為軸心的一漏斗形狀體的範圍內，而電洞則被驅趕到這漏斗體之外（見圖 3-41b）。在漏斗體內的電子，因為電場的驅策，很快的被 NP 接面的陽極所吸收。漏斗體就跟著崩潰而消失。NP 接面的空乏區也恢復到 α 粒子還未進入矽晶片之前的狀態。留下一些殘留的電子、電洞，徘徊在 NP 接面的底部。徘徊的電子有可能藉擴散，進入空乏區，經其電場掃入陽極而被吸收（見圖 3-41c）。

　　圖 3-42 描繪上述 α 粒子射入 N^+P 接面經歷的三個階段中所對應的 N^+P 二極體搜集到三種不同電流的狀況。在圖 3-41a 代表的狀況時，α 粒子產生的電子—電洞對尚未移動，所以並未激發任何顯著的電流（除了二極體原來處於逆偏壓下就有的電流）；此階段被註記為事件開啟期。到了圖 3-41b 代表的狀況時，漏斗體已然形成，其內部含有的電子，受到電場的驅策，被陽極搜集，產生所謂的**飄移電流**（drift current）。此階段被註記為飄移電流期，大概在 1ps-10ps 之間完成。到了圖 3-41c 代表的狀況時，漏斗體已消失，殘留在 NP 接面空乏區外的電子可能藉擴散，進入空乏區，被陽極吸收，產生所謂的擴散電流（diffusion current）。此階段被註記為擴散電流期，大概在 10ps-1ns 之間完成。

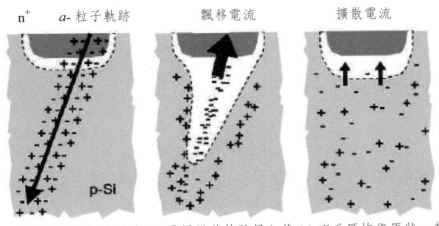

(a) 經過的軌跡周圍造 (b) 電場沿著軌跡侵入基 (c) 空乏區恢復原狀，基
    成充滿電子-電洞對   底，形成留存電子，   底的電荷僅能藉由擴
    的圓柱形。   排開電洞的漏斗形。   散進入空乏區。

圖 3-41・α- 粒子侵入空乏區的干擾過程

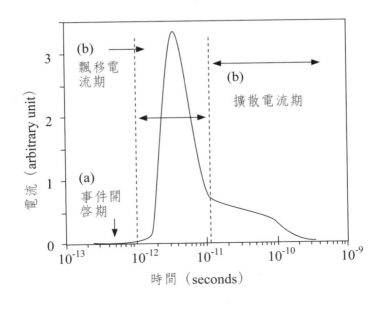

圖 3-42・PN 接面在 α- 粒子經過時接收到的電流與時間的變化關係。

　　漏斗體的深度視基板雜質濃度及射入的 α 粒子之能量而定。以通常基板的雜質濃度，及我們前面提到的 α 粒子源的能量而言，深度約可達幾微米左右。所以，漏斗體的效應使 NP 接面，因 α 粒子的干擾，獲得的電荷，比單純僅從空乏區裡獲得的，可以多出幾倍到幾十倍之譜。

　　從上段的敘述，軟性錯誤的發生當然與扮演關鍵角色的空乏區很有關係。如果空乏區的寬度廣大，可積蓄的電荷量夠大，跨越的電位夠高，即使有 α 粒子產生的電性干擾，數據改變也難以發生。但因為漏斗體效應的影響，軟性錯誤的問題應隨 IC 尺寸與應用電壓的持續縮小到了微米及次微米尺寸的技術，預估會變得十分嚴重。這也是 IC 業界多年來的共同憂慮。

　　軟性錯誤算是一種自然界的本質「缺陷」引起的可靠度問題。與 CMOS 閂鎖的問題一樣，在浴缸曲線中，它的故障率也由中間底部平坦部分所代表。不過，應該再提的是：二者的故障結果很不一樣。CMOS 閂鎖一旦發生，往往是致命性的，而且極可能對 IC 零件內部造成很大的物理破壞；軟性錯誤一旦發生，則不會對 IC 零件內部造成物理破壞，所謂的故障也僅止於訊號或數據的暫時性，或重新操作就可改正的「軟性」錯誤。

　　因此，軟性錯誤的故障率與其它故障模式的故障率，有不太相同的意義。因為發生軟性錯誤的故障是可以修復的，所以，軟性錯誤對同一 IC 零件而言，可以一再重複發生，嚴格說，並無所謂的有限壽命。針對這特殊的故障模式，本書第二章所介紹的統計上的 CDF 與 pdf 函數因而是沒有意義的。對於一再重複出現的軟性錯誤，我們可以定出所謂的**故障間平均時間**（Mean Time between Failures，簡稱

MTBF），它的倒數，即**平均故障率**（Mean Failure Rate），或稱**軟性錯誤率**（Soft Error Rate，簡稱 SER），通常，也是用 FIT 量度。譬如，一 IC 產品如平均每十年發生一次軟性錯誤，MTBF = 10yrs。則其 SER = 10^9/($10\times365\times24$)FIT = 11,415 FITs。因為每十年發生一次軟性錯誤，應該還算不嚴重，所以通常，軟性錯誤可以接受比較大的 FIT 數。當然，對於包含大數目零件的系統而言，又另當別論。注意：MTBF 與 SER 互為倒數，這正如週期與頻率之互為倒數一樣。但與指數分佈中的 MTTF 與（常）故障率之互為倒數並不盡相同。

　　必須重新操作才可改正，對某些電性系統來說，近乎不可能。所以，軟性錯誤一旦發生，對這些系統而言，卻也等於近似有限壽命一般的致命性傷害了。所以，針對軟性錯誤，IC 業界還是應有防制或減輕的因應之道。就治本來講，當然，最好是將問題之源，α 粒子，杜絕移除。但是，要將只有若干 ppm 的放射性元素從封裝材料中淨化過濾掉，即使理論上是可行的，實際上，因成本耗費巨大，萬分不可能。至於宇宙射線中的高能粒子，就更不用說了。所以，來源既難以杜絕，只好繼之以防堵的方法。防堵之道，在今日業界最被普遍應用的有二個：1. 晶片表面最上層的保護層，鍍以一層可以阻擋 α 粒子的高分子有機化合物 polyimide。此層厚度如達到 3.5mil，可擋住能量高達 9MeV 的 α 粒子。2. 以金屬線覆蓋或取代晶片中對 α 粒子極為敏感的 N+ 擴散區。譬如：DRAM 的 IC 晶粒中，通常的記憶元線（bit line），就是長長的 N+ 擴散區，如果覆以金屬線（金屬線在每個單位記憶胞都有接觸洞與 N+ 擴散區連結），不但有減少電阻的優點，也有阻擋 α 粒子進入 N+ 擴散區的好處，可謂一石二鳥的方法。

　　其次的防制之道，當然就屬在設計及製程上，如何加進對軟性錯

誤增加阻抗的手段了。這可包括：

1) 盡可能增加對軟性錯誤敏感、而又作為訊號傳輸或數據儲存的空乏區中可具有的最大電位或電荷。這當然與 IC 業界一直以來繼續縮減尺寸及電壓的趨勢背道而馳。但是，設計及製程工程師應該知道，為了避免軟性錯誤的干擾，當技術前進，尺寸及電壓縮減時，如何在設計及製程上補強訊號或數據被干擾的容忍度。其中，最直接的，當屬盡可能增加代表訊號或數據的電位或電荷。

2) 改變儲存數據的電容結構。就 DRAM 而言，傳統上是用所謂的 Hi-C MOS 電容器儲存代表數據的電荷。這種電容，不可避免地，含有空乏區，成為 α 粒子侵入干擾的戰場。近年來，有向上發展的所謂積疊在矽晶片之上的**積疊電容**（stack capacitor）。這技術的開發，原來的目的，不過為增加電容面積，以增加儲存的電荷。但因積疊在矽晶片之上，使用的材料，必須或為金屬，或為佈植有高濃度雜質的複晶矽，作為 α 粒子侵入干擾電場的空乏區因此幾乎不再存在。α 粒子干擾的戰場盡失，軟性錯誤的故障率因而獲得大幅降低。觀之近年來，IC 技術雖然在尺寸及電壓上，不斷縮減，軟性錯誤卻不似先前 IC 業界多年來所共同憂慮的，成為嚴重的可靠度問題，究其原因，積疊電容的開發當然居功厥偉。對應於向上發展的積疊電容，也有向下發展的**深溝電容**（deep trench capacitor）。深溝電容，雖不似積疊電容，使空乏區幾乎消失，但因將電容深築於矽晶片底部，也同樣有降低 α 粒子侵入干擾的效果。

相對於 DRAM，SRAM 利用交藕線路作為儲存記憶單位胞的

基礎。隨著技術尺寸的不斷縮小，這種 SRAM 記憶元結構一直沒有改變。在交藕線路中有很多節點（nodes）是含有 PN 接面的擴散區。由於上述漏斗體效應的存在，當尺寸不斷縮小，SRAM 的軟性錯誤，自然變得益發嚴重。SRAM 軟性錯誤的問題，尤其在應用多 SRAM 的系統上，近幾年來已經到必需儘快找到革命性解決辦法的境地了。

圖 3-43 中黑實色記號代表的數據是 DRAM 每單位記憶元的 SER 隨技術尺寸的變化趨勢圖。從圖中，可以見到自 1Mb 到 4Gb 的技術，每單位記憶元 SER 的降低超過了三個數量級。這當然是拜前面提到的記憶元結構改成或積疊電容或深溝電容之賜。雖然在系統上，記憶元數增加了數千倍，上述的新記憶元結構結果使得 DRAM 的系統 SER （灰虛色記號）能夠幾乎維持在同一水平。SRAM 的情形就迴然不同。圖 3-44 是 SRAM 的每單位記憶元 SER 隨技術尺寸的變化趨勢圖。從圖中，可以見到當技術尺寸降了約一個數量級（從微米到次微米），每單位記憶元的 SER，如果使用不含 BPSG 的介電質，還能夠勉強維持在同一水平；但如果使用含 BPSG 的介電質，則會增加約一個數量級左右。如果觀察系統 SRAM 的 SER 就更嚴重；不論使用含 BPSG 的介電質與否，其數值都增加至少三個數量級。這就是前段所說 SRAM 已經到了「必需儘快找到革命性解決辦法的境地」的原因。

假如不幸，軟性錯誤發生了怎麼辦？對於一有軟性錯誤發生，即等於近似受到致命性傷害的電路系統，這是一個必須嚴肅思考的問題。補救之道不外乎：1. 在線路上預存多餘的同樣線路，以謀一旦軟性錯誤發生時，作為替代而能正常操作的線路。2. 設計偵測線路，當

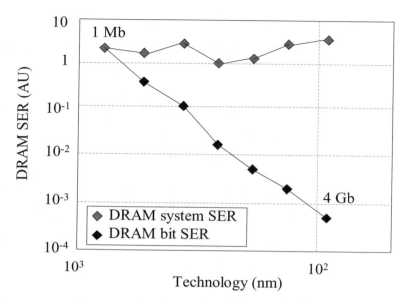

圖 3-43・DRAM 的 SER 隨技術尺寸的變化趨勢圖

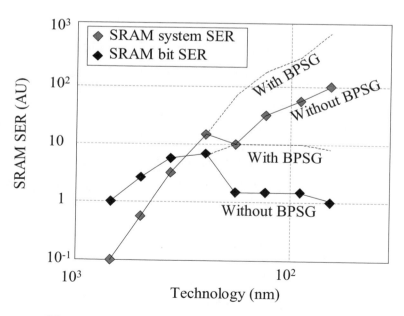

圖 3-44・SRAM 的 SER 隨技術尺寸的變化趨勢圖

軟性錯誤發生時，可以立即測知錯誤的出現，並立即加以改正。但這些補救之道，都會在晶粒面積、速度、操作效能上付出代價。設計工程師必須權衡輕重，作出必要而妥善的決定。

因為來自封裝材料的 α 粒子所產生的軟性錯誤的故障率通常很低，在實驗室裡，必須如同其它許多可靠度測試一樣，以加速的方法來評估 IC 零件對軟性錯誤的阻抗能力。加速的方法是將高速核子衰變，放出高強度 α 粒子束的元素，如 ^{241}Am，置放於接受評估的 IC 零件之上（參考圖 3-45）。如這強 α 粒子放射源與接受評估的 IC 零件之間相對位置的幾何參數，如距離、角度等，都知道的話，經過 IC 零件的 α 粒子通量可以估算。與封裝材料本身造成的 α 粒子通量一比，實驗 α 粒子放射源的加速因子即可得知。從這實驗觀測到的實際故障率，可經加速因子的修正，估算出在正常運作時，IC 零件因本身封裝材料放出的 α 粒子所產生的軟性錯誤之故障率。

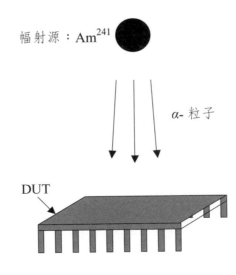

幅射源：Am^{241}

α- 粒子

DUT

圖 3-45・實驗室軟性錯誤加速實驗的設置略圖

　　臨結束此主題，應稍提一下宇宙射線造成的軟性錯誤。宇宙射線——從外太空來到地球的高能粒子——主要含有約 90% 的質子，9% 的 α 粒子，及約 1% 的電子。這些成分絕大部分因為地球磁場的遮蔽，不能達到地球表面。然而，它們能在高處產生次粒子而達到地表面。次粒子的主要成分為中子，只有小部分的質子與 π 介子。在地表面，所謂的宇宙射線，應是指這些能達到地表面的高能量中子（由高能量轉為熱中子）而言。這些熱中子因為不帶電，穿透力高，雖本身不能干擾 IC 零件的線路，但經由與晶粒中原子核（主要指 BPSG 中的 ^{10}B）的交互作用，可進一步產生帶電的更次粒子，如 α 粒子等（請參考 3-2-1 節中有關離子污染的解釋）。經過如此的過程，宇宙射線也會造成軟性錯誤。所以，基本上，宇宙射線導致軟性錯誤，也是由 α 粒子造成的，前述一些增加軟性錯誤阻抗力的方法自然仍然適用。

　　宇宙射線造成軟性錯誤的故障率與 IC 零件所在高度有關。譬如說，在民航飛機的高度，軟性錯誤的機率可高過同點地面約 300 倍之多。這與由封裝材料放出 α 粒子而引致的軟性錯誤，顯然不同，因為後者的發生是不可能與所在位置高度有關的。

參考文獻

1. I A Blech and E S Meieran, Electromigration in thin aluminum films, *J Appl. Phys.*, 40, 485, 1969.

2. A Berman, Time-zero dielectric reliability test by a ramp method, *Proc. 19 Int. Reliab. Phys. Symp.*, pp 204-209, 1981.

3. J R Black, Mass transport of aluminum by momemtum exchange with conducting electrons, *Proc. Annual Symp. On Reliability Physics*, pp 148-154, 1967.

4. J R Black, Electromigration-A brief survey and some recent results, *IEEE Trans. Electron Dev.*, ED-16, pp 338-347, 1969.

5. R. Baumann, Soft error in advanced computer systems, IEEE Design and Test Computer, p.258, 2005.

6. D Cheng (coordinated by K Y Fu), *Report for the 0.25um fWLR - Part II: the Electromigration Test*, UMC internal report 12/1998.

7. D L Crook, Method of drtermining reliability screens for time dependent dielectric breakdown, *Proc. 17 Int. Reliab. Phys. Symp.*, pp 1-7, 1979.

8. L F DeChiaro, S Vaidya, and R G Chemelli, Input ESD protection networks for fine line NMOS-effects of stressing waveform and circuit layout., *Proc. 24th Int. Reliab. Phys., Symp.*, pp 206-214, 1986.

9. F M d'Heurle and R Rosenberg, Electromigration in thin films, *Phys. Thin Films,* 7, pp 257-310, 1973.

10. K Y Fu, Transient latchup in bulk CMOS with a voltage-dependent well substrate junction capacitance, ED-32, pp 717-719, 1985.

11.K Y Fu, A complete model of lifetime distribution for electromigration failure including grain boundary and lattice diffusions in submicron thin film metallization, J J Appl. Phys., 34, pp 4834-4841. 1995.

12.K Y Fu, C H Liu, Donald Cheng, and S H Yang, *International Reliability Workshop '98*, 1998.

13.P B Ghate, J C Blair, and C R Fuller, Metallization in microelectronics, Thin Solid Films, 45, pp 69-84, 1977.

14.A Goetzberger, A D Lopez, and R J Strain, On the formation of surface states during stress aging of Si-SiO2 interfaces, *J Electrchem. Soc.*, 120 (1), pp 90-96, 1973.

15.P S Ho and J K Howard, Grain boundary solute electromigration in polycrystalline films, *J Appl Phys.*, 45, 3229, 1974.

16.C H Liu and D Cheng (coordinated by K Y Fu), *Report for the 0.25um fWLR - Part I: the Qbd Test*, UMC internal report, 11/1998.

17.C H Liu and M G Chen (coordinated by K Y Fu), *Report for the 0.25um fWLR - Part III: the HCI Test*, UMC internal report, 12/1998.

18.R S Matisoff, Handbook of electrostatic discharge controls (ESD), Van Nostrand Reinhold, NewYork, 1986.

19.E H Nicollian and C N Berglund, Avalunche injection of electrons into the insulating SiO2 using MOS structures, *J Appl Phys.*, 41 (7), pp 3052-3057, 1970.

20.T H Ning, Hot-electron emission from silicon into silicon dioxide, *Solid State Electron.*, 21, pp 273-282, 1978.

21.M Ohring, *Reliability and Failure of Electronic Materials and Devices*,

Academic Press, USA, 1998.

22. J C Ondrusek, C F Dunn, and J W McPherson, Kinetics of contact wearout for silicide (Ti Si2) and non-slicided contacts, *Proc. 25th Int. reliab. Phys. Symp.*, pp 154-160, 1987.

23. A G Sabnis, *VLSI Reliability*, Academic Press, 1990.

24. E H Snow and B E Deal, Polarization phenmenon and other properties of phospho-silicate glass films on silicon, *J. Electrochem. Soc.*, 113 (3), pp 263-269, 1966.

25. J. Sune, E.Y. Wu, D. Jimenez, R.P. Vollertsen, and E. Miranda, Understanding soft and hard breakdown statistics, prevalence ratios and energy dissipation during breakdown runaway. *IEEE Intl. Electron Device Meeting*, pages 6.1.1–6.1.4, 2001.

26. Z. Suo, Reliability of interconnect stuctures, pp.265-324 in Vol. 8, Interfacial and nanoscale failure, Comprehensive structural integrity, Elsevier, Amsterdam, 2003.

27. S M Sze, Physics of semiconductor devices, 2nd ed., Wiley, New York, New York, 1981.

28. S Tam, PK Ko, C Hu, Lucky electron model of channel hot-electron injection, *IEEE Trans. On Electr. Dev.*, ED-31, No. 9, p. 1, 1984.

29. R G Taylor, J. Woodhouse, and P R Feasey, Deficiencies in ESD testing methodology highlighted by failure analysis, EOS/ESD Symp. Proc. Vol. EOS-7, pp 141-148, 1985.

30. J A Topich, Compensation of mobile ion movement in SiO_2 by ion implantation, *Appl. Phys. Lett.*, pp 967-969, 1978.

31.R R Troutman and H P Zappe, A transient analysis of latchup in bulk CMOS, IEEE trans Electron Devices, ED-30, pp 170-179, 1983.

32.S Vaidya et al., Electromigration induced shallow junction leakage with Al/poly-Si metallization, *J Electrochem Soc.*, 130 (2), 496, 1983.

33.D S Yaney, J T Neson, and L L Vanskike, Alpha particle tracks in silicon and their effects on MOS RAM reliability, IEEE Trans Electron Devices ED-26 (1), pp 10-16, 1979.

34.Guoyong Yang, Characterization of Oxide Charge During HC degradation of ultra thin gate PMOSFETs. *Chinese (Taiwan?) Journal of Semiconductors*, 24(3), 2003

35.Yee-Chia Yeo, Qiang Lu, and Chenming Hu, MOSFET gate oxide reliability: anode hole injection model and its applications. *International Journal of High Speed Electronics and Systems*, 11(3):849–886, 2001.

第 *4* 章

半導體 *IC* 封裝的
可靠度問題

　　上一章，所談的都是 IC 元件的基本可靠度問題。這一章，將對 IC 零件封裝上經常經驗到的其它可靠度問題，作出說明介紹。本章將封裝上的可靠度問題分成主要的三類，並分節討論之。這包括：1. 封裝或晶粒的裂開（4.1 節）；2. 金屬導線的腐蝕（4.2 節）；3. 連接線的脫落（4.3 節）。在這三節之後，於 4.4 節中，將各種封裝上主要的可靠度問題，其現象、原因、防制方法等，以表 4-1 摘錄並細列之。最後，於 4.5 節中，介紹現今 IC 業界，針對這些封裝上的可靠度問題，應執行那些測試，以期保證 IC 零件能在其被使用的有用壽命中，免於這些封裝可靠度問題的干擾破壞，而提早壽終正寢。

4.1　封裝或晶粒的裂開

　　此處所謂裂開是廣義的，包括同一物質內出現裂縫、相鄰二物層之間相對分開脫離（delamination）、甚至作為密封塑膠體的瞬間爆裂等。質言之，封裝或存在於封裝內的晶粒，在 IC 零件的生命週期中，不管那個部位，會產生裂開，基本上，如非受到不應有的外力衝擊，都是自身內部受到來自物層的過量壓力或應力的緣故。但封裝或封裝內的晶粒內部為何會存在過量的壓力或應力？不外乎兩個原因：1. 封裝物質滲入了濕氣，及 2. 封裝內部緊密相鄰的不同物層的**熱膨脹係數**（Coefficient of Thermal Expansion，簡稱 CTE）相差太大。

　　雖然濕度有高低差異，但濕氣自然存在於大氣萬物之中。作為保護密封晶粒的封裝也不免含有濕氣在其內部。這些濕氣如未妥善處理，對 IC 零件常有致命性的害處。如用磁材作封裝，理論上，可以

將濕氣完全隔絕在外。但根據發表的文獻（參考文獻 7），在完全密閉的封裝內，就算低到僅有 0.1% 的濕氣被侷限住，也足以使 IC 零件故障。即使只有 10-100ppm 的濕氣，落在磁材封裝內，也足以氧化晶片中的矽，釋出氫原子。氫原子留在密閉的磁材封裝內，在前一章的 HCI 一節內提過，可能擴散到閘極氧化層，促成 HCI 不穩定度的激化。

對密封度較為完善的磁材封裝，濕氣及其效應尚且難以根絕，遑論密封度較差的塑膠材封裝了。塑膠封裝使用的材料為可塑性膠體（現今最被廣泛使用的為環氧樹脂，也是本章所謂封裝討論的主要對象），本身是既可吸收，又能放出濕氣的物質。所以，通常，IC 零件供應商在完成塑膠封裝產品零件測試之後，於存貨、出貨之前，必須將產品以高溫烘烤一段時間，然後作真空包裝，以確保產品的乾燥性。如果塑膠封裝與其它被封裝的零件，譬如：**導線架**（leadframe）之間，沒有密合，則等於給濕氣預備了更便捷的侵入通道。濕氣可因此長驅直入，並停留在封裝內任何可為其停留的地方。譬如：不同物層間的空隙（特別在塑膠體與晶粒之間）、塑膠體中的空洞等。這些濕氣將會在後續的應用中，造成各種不同形式的可靠度問題。其中，最為人所知曉詬病的，莫過於當後續產品在焊接上 PC 板時，因高溫（200-300℃）使濕氣化為蒸氣，而產生極高的壓力或應力，致使塑膠體，或與晶粒相對分開脫離（參考圖 4-1），或出現裂縫（參考圖 4-2），或瞬間爆裂（或稱「爆米花」（popcorn），參考圖 4-3）等現象。

在封裝內部緊密相鄰的不同物層的 CTE 相差太大是應力過大的另一原因。這通常可能存在於封裝塑膠體與導線架之間，或塑膠體與

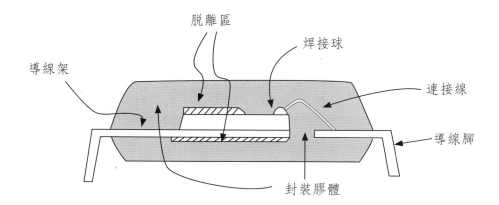

圖 4-1・塑膠封體與晶粒脫開略圖

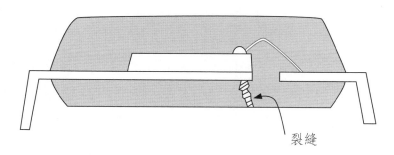

圖 4-2・塑膠體之晶體下面角落處之裂開略圖

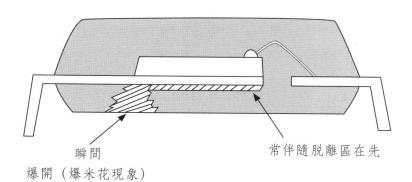

圖 4-3・爆米花形成略圖

晶粒之間；也可能存在於黏著晶粒的銀膠與晶片之間。如沒有謹慎選擇材料，緊密相鄰的二不同物層的 CTE 可相差至於兩個數量級以上。當二物層相貼合時，須在較高溫進行；譬如：封裝塑膠體灌入已黏有晶粒，打好金線的封裝基座時的溫度須在近 200℃ 左右。製程之後須冷卻至室溫。塑膠體與導線架之間，塑膠體與晶粒之間就會在冷卻過程中，逐漸建立起相互拉扯的應力。此應力有可能造成晶粒表面的保護層裂開、塑膠體從導線架脫離、塑膠體與晶粒脫離等現象。如果有幸經過上述過程，IC 產品竟能倖免於難，但它們在後續，被焊上 PC 板時，將經歷更高的溫度（～240-260℃），物層之間將可能感受更大的彼此拉扯的應力。其結果自然將使上述一些物質裂開及物層脫離的現象更可能發生。

必須注意：晶片本身是十分細薄，非常脆弱的矽片。在封裝過程中，除了須用心排除上述兩個造成過量壓力或應力的兩大因素外，還須避免晶粒受到不必要的撞擊，不平衡的置放、擷取等各種細節上的處理。因為忽視這些細節，就有可能埋下晶粒，尤其在邊緣受到小傷害，在後續應用上成為大裂痕，而終至故障的結果。

4.2 金屬導線的腐蝕

鋁導線的腐蝕現象是由封裝導致的可靠度問題，也是早幾年眾所周知因封裝製程引起 IC 故障的一個重要機制。上一節提到，封裝內，濕氣的存在可以造成過量的壓力與應力，以致於使封裝內部不同的部分產生不同形式的裂開。而鋁導線的腐蝕，濕氣的存在也是一

個必要的成分。除了濕氣的存在，還要有其它三個條件配合，才能造成鋁導線的腐蝕。這三個條件是：1. IC晶粒加有外加電位；2. 封裝內，含有雜質，特別是氟（flourine）、氯（chlorine）一類的**鹵素元素**（halogens）；3. 濕氣與雜質有達到晶粒表面的移動路徑。

IC 產品從製程中可以保留許多不同的雜質下來，存在於不同的部位。我們在前一章，談到離子污染源時，曾經提到鹼性離子的來源，及其污染的路徑。封裝使用的材料，包括晶粒黏著劑銀膠，封裝膠體等，也是提供這些鹼性離子的污染源。更有甚者，為了增加封裝產品的阻燃性，封裝膠體都會添加一些鹵素元素，如氯、溴（bromine）等的化合物，於封裝膠體之內。這就成為提供這些鹵素元素進入晶粒的主要來源（附註：自 2007/7 開始，歐盟規定進入歐洲共同市場的商品禁用一些鹵素化合物）。另一種鹵素元素，氟，很可能在用帶氟的電漿作保護層蝕刻，以挖開打線洞時，被遺留在打線洞內，成為殘留。從經鋁導線腐蝕而故障的零件的分析知道，凡這些雜質，只要微量，在外加電壓之下，於濕氣中，能經由類似電解作用（electrolytic action）的系列化學反應，不斷再生，而產生氫氧化鋁（$Al(OH)_3$）。以氯為例，其作為催化劑的化學反應式如下，

$$Al + 4Cl^- \rightarrow Al\,(Cl)_4^- + 3e^- \tag{4-1}$$

$$Al\,(Cl)_4^- + 3H_2O \rightarrow Al\,(OH)_3 + 3H^+ + 4Cl^- \tag{4-2}$$

從上面的化學反應式知道，反應前後，氯並不減量，可以回頭持續支援鋁腐蝕的化學反應（前面的所謂再生）。$Al(OH)_3$ 的不斷形成，使鋁導線因此電阻不斷增加，體積一直膨脹，最後甚至促成臨近

的氧化介電層的破裂。

其實，上面所述，不過是鋁腐蝕過程之一種。鋁也可在**磷酸**
（phosphoric acid）中，不論有無外加電壓之下，被腐蝕。磷是今
日 IC 製程中不可缺少的一部分，主要含在佈植有磷的氧化矽層（即
PSG）內。PSG 可因保護層破裂或因保護層開口對準失誤而暴露在濕
氣中。磷一旦與濕氣結合，就形成磷酸，可腐蝕鋁導線。

然而，金屬導線的腐蝕已不再是塑膠封裝 IC 的主要故障機制之
一。這是因為氯，或其它可能造成污染的離子，在新一代的封裝製模
混合物及製程材料中，已經或大量地被減少，或受到更嚴格的監測與
控制之故。所以，現今技術所製造出來的 IC 產品，因金屬導線的腐
蝕而故障的，應該可以說已經絕無僅有。這與我們在前一章提到的離
子污染問題已經很少在文獻上再被提及的原因類似。但在此，我們同
樣要發出警語；這並不表示 IC 製造者可對此問題視若無睹，高枕無
憂。現代的半導體製程，不管前段，或後段，仍然有一些會產生化學
活性強的各種離子污染源，混合以濕氣，足以造成金屬腐蝕。製程線
上須小心處理，避免濕氣與污染源進入產品內部，造成無法控制的可
靠度問題。

4.3　連接線的脫落

封裝工程中的一個重要部分就是將晶粒上的焊接墊與封裝的導
線架的對應接頭用金屬導線連接起來。這在本書首章，已經有簡短
介紹。通常，因為金屬導線先焊接到晶粒上的焊接墊，故這部分的

接線，稱為**首焊接**（first bonding）；而其次的將金屬導線焊接到
導線架接頭的工作，便稱為**次焊接**（second bonding）。與這連接
線工程有關的可靠度問題，粗略來分，約有三類：1. **線掃動**（wire
sweep）；2. **焊接墊的坑洞**（cratering of bond pads）；3. **焊接球的開
裂及脫落**（bond ball fracture and liftoff）；分條討論如下。

1. **線掃動**：線掃動可以發生在焊線階段，可以發生在焊線之後的
   處理階段，也可以發生在灌模階段。所謂線掃動就是連接線離
   開它正確的水平位置了。線掃動現象比較嚴重的，與鄰線直接
   接觸時，會造成短路。這當然影響到封裝之後的良率。線掃動
   如果較輕微，可能因為與鄰線靠近，改變互相之間的電感，影
   響 IC 的操作表現，同時產生不應有的噪音。也可能在加電壓經
   測試或使用之後，產生漏電，而後操作失常，在客戶端成為故
   障品；就變成可靠度的問題之一。

   如果線掃動乃肇因於焊線，或其後的處理手法，前者可由適
   當的製程及設定，後者可由自動化，來加以減少或消除。
   然而，如果線掃動是因灌模而發生，則比較困難找到立即解
   決之道。通常，要靠降低灌模的流通速率，或引用**黏滯係數**
   （viscosity）較低的樹脂作為模材，這對連接線**間距**（pitch）
   大的封裝，在減少線掃動率上，有一定的助益。

   然而，今日先進的封裝技術，一直在縮減焊接墊之間距，並
   且，連接線的結構也愈趨複雜化，找到有效解決之道，更加
   困難。考查線掃動現象，最多發生在連接線與模漿流動垂直的
   方向上；大部分的線掃動傾向於發生在連接線的中央部分，
   或在接近次焊接點處。今日的先進封裝，焊接墊間距已降至

35-45μm 之譜。次 35μm 的間距技術也正在開發之中。為了配合技術的進展，連接線半徑須跟著縮小（< 7.5μm）。凡這些都顯示，很難利用傳統低價位的模材及製程，改善先進技術帶來的日益增高的線掃動趨向。

傳統模材的流動特性無法避免對緊密相鄰的連接線不造成大幅度的移動。因為傳統的模材內主要含有圓球狀的**矽土**（silica）**填充劑**（filler）；它們的平均直徑，極可能大過先進封裝內連接線的細間距。灌入這種傳統模材，當然不可避免地，會帶動其中很多的連接線。

傳統灌模都從角落進入。理論上，從中央進模提供一徑向方向的模漿流動型態，可以在灌模時，減少加在連接線上的力量。但這種改變代價很高。中央灌模系統的成本可能是角落灌模系統的兩倍以上。

另外一種減少，或說降低線掃動效應的方法，是將連接線在灌模之前，作足夠的絕緣。如此，則即使因線掃動而接觸的鄰線，也不會產生短路。然而，這種新創意應還僅止於紙上談兵的階段。迄今為止，似乎還沒有發展出實際可行，不會產生其它無法克服的負面效果，而成本又可為一般製造業者接受的新製程。

2. **焊接墊的坑洞**：這個故障模式，事實上，也與濕氣有關。所謂坑洞是指在焊接墊下面的矽基板的凹洞而言。追溯發生坑洞的原因，應該與不適當的焊線過程有關。在焊接連接線於焊接墊時，自動打線機器的參數設定，包括溫度、超音振動功率、打線力、打線時間等，都須經過實際操作調到最佳化。如最佳化

的過程沒有做到，或者雖然做了，卻執行不當，則打線的條件不是不足，就成為過當。如是前者，連接線容易鬆脫，可能成為良率或可靠度的問題。如屬後者，則可能傷及焊接墊的金屬層。因金屬層底下的氧化層，常積疊有從金屬層分離出去的**矽塊**（silicon nodules），當金屬層受傷，氧化層因矽塊的存在，也容易跟著受傷（參考圖 4-4）。打線時的超音波振動，更可能火上加油，使傷勢惡化。在後續的灌模之後，從塑膠模體獲得的濕氣就很容易經過焊接墊中金屬層及氧化層的傷痕，長驅直入，積存於焊接墊下的空隙。當 IC 零件在被焊到 PC 板時，經過**紅外線回焊**（**IR reflow**）的高溫，模體因熱膨脹，加上濕氣化為蒸氣所產生的高壓，使金屬層及氧化層爆開，並將焊接金屬球向上推升。其下則形成一片略似火山口形狀的坑洞。這種造成故障的過程與情況，比起打線條件不足者，雖然較為複

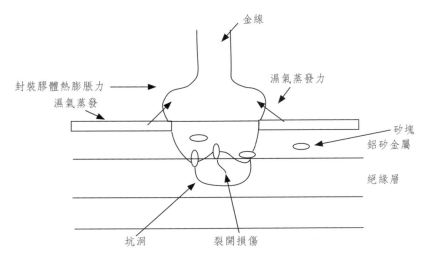

圖 4-4・焊接墊坑洞形成略圖

雜、慘烈，但其可能影響產品良率及應用時可靠度的結果則一也。

從上面的描述，可知當焊接墊內，被觀察到有坑洞時，一定是焊接連接線的參數條件有過當之處。應該沿著下述指導原則，重新調節打線機器參數，以達焊接條件最佳化。

● 降低超音波功率。

● 慢慢提高超音波功率。

● 減低塑膠模體的應力。

● 提高打線時的溫度。

自然，也要注意可能容易造成焊接墊坑洞的晶片製程因素。譬如，金屬層或氧化層過於細薄，在焊接時，其保護能力，不足於承受打線施力等的問題。另外，在晶片測試階段，由於過多次探針與焊接墊的接觸磨損，使得焊接工具一用力，就容易傷及底層，引發在後續上板程序時，焊接墊坑洞的形成。此種可能亦不容忽視。

3. **焊接金屬球的裂開及脫落**：金屬球的頸部（參考圖 4-5），也就是金屬球上部與連接線相連的部位，是焊接線力學強度最脆弱的地方。如果所謂焊接球並非球狀，而是所謂的楔（或魚尾）形，對應的力學強度最脆弱的地方應該是在其類似腳跟的部位（參考圖 4-6）。常常，我們發現焊接球在其力學強度最脆弱的地方會有裂痕。可想而知，其造成的原因應該與力學有關。綜合之，有如下可能。

● 焊接工具作焊接線彎折，使成弧線形時，彎折過度。

● 焊接工具在打線後，欲上升離開焊接墊時，產生振動。

　力學脆弱部位

圖 4-5・金屬焊接球在頸部裂開略圖

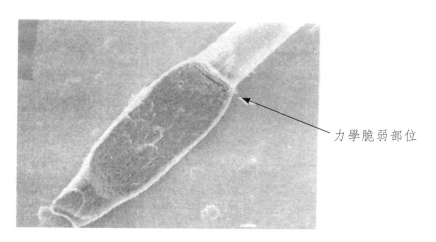　力學脆弱部位

圖 4-6・楔形焊接構造圖

● 上升到弧線最高點的弧形過於陡峭。

● 在首焊接與次焊接之間，焊接工具的移動過於迅速。

● 首焊接與次焊接的垂直位置落差太大。

因為焊接球有裂痕，在後續的生產線上，經灌模、burn-in、測試、上板、使用等的種種加壓過程，期間即使都幸而安然無恙，最終還是很可能一經使用，導致焊接球的脫落而故障。針對這種可靠度問題，當然要對症下藥，明查是以上那個因素，或那幾個因素的綜合造成的，並將該（些）因素予以消除。這個動作要在起始封裝良率異常時，就應仔細分析，迅速查出真因，立即執行的。如果等到讓下游客戶因使用而故障，造成退貨，跟求償，就已經太遲了。

但須特別一提的是焊接金屬球的開裂並不是都完全與力學有關。它的發生，也可能因在焊接時，導線架接頭的表層鍍金中含有鉈（thallium）的緣故。鉈，與金可以形成**低溫熔合物**（eutetic），在焊接時，會從鍍金的導線架接頭迅速擴散到焊接線，而集中到後者頸部位的顆粒邊界中，與金合成低溫熔合物。後來，或當灌模時，或經歷溫度變化的循環時，就使焊接金球的頸部開始產生裂痕，甚至使其逕行斷裂，而使 IC 成為斷路零件。對此一故障模式的解決之道，當然是盡量減少導線架接頭鍍金層中鉈的含量。

焊接過程所須要的溫度，如果太高，可促成**金屬間化合物**（intermatallic compounds）的形成。現在的焊接技術，由於都利用超音波振動的低溫過程，大大地減少了焊接線金屬球中的金，與焊接墊內的鋁合金之間形成金鋁化合物的機會。但封裝

之後，為了刷掉帶有製程缺陷而可能早夭的產品所作的 burn-in，通常加熱在 125℃ 以上，達好幾個小時之久；這種長時間的烘烤，很容易使焊接界面兩邊的金屬，金與鋁，互相向對邊擴散，而形成一金鋁間的化合物帶。此化合物帶並不一定會弱化焊接界面結合的強度。然而，金與鋁互向對方擴散的速率很不一樣。因鋁向金的擴散速率，比起金向鋁的大得很多，所以，在鋁合金的表面就有許多稱為 **Kirkendall 空隙**（Kirkendall voids）的形成。這些空隙，在高溫時，又傾向於聚合在一起，形成大空隙；為另一類形式焊接處發生裂痕，造成可靠度問題的來源，因為大空隙發展到最後，也會使金屬球脫離焊接界面而斷線。

金鋁間的化合物可包含幾種不同的相（phases）：Au_4Al（褐色），Au_5Al_2（褐色），Au_2Al（灰色），$AuAl$（白色）和 $AuAl_2$（紫色）。因為 $AuAl_2$ 很容易在室溫就形成，所以，在焊接之始，總是在界面先形成深紫色的 $AuAl_2$，然後在後續高溫轉成其它不同相的化合物。一般，也就認為這界面的紫色化合物是問題之源，而有**紫色傳染病**（purple plague）之稱。

4.4　封裝主要可靠度問題的表列

茲將前三節似乎略顯冗長而雜亂的敘述，摘要列表（表 4-1）於下，希望能幫助讀者快速了解各類封裝的可靠度問題，及其產生原因與對應的防制之道。

表 4-1．與封裝有關的主要可靠度問題

可靠度問題		原　因	防制之道
類　別	問題描述		
封裝或晶粒的裂開	1. 塑膠模體裂開（crack） 2. 塑膠模體與晶粒間相對分開（delamination） 3.「爆米花」	**1-3 可能原因之一** 濕氣侵入封裝體內。停留在空洞或不相鄰物層界面空隙。經後續高溫製程及使用而產生裂開。 **1-3 可能原因之二** 不同物層之間的 CTE 差異過大，又經過大溫度差異的變化，引起物層間大的應力拉扯。	一：在生產及使用生命週期內，盡量保持 IC 零件的乾燥。注意塑膠模體灌模製程的品質控制，避免內部空隙的產生及不同物層的密合度不良。 二：慎選相鄰不同物層的材料，使彼此的 CTE 差異不要過大。
	4. 晶粒碎裂	4. 除了上面兩種可能因素外，也有可能在封裝製程中，與隔鄰晶粒產生不必要的碰撞，或經不平衡的置放、擷取之過程。	4. 封裝製程中，避免與隔鄰晶粒產生不必要的碰撞，或注意避免有不平衡置放、擷取的過程。

金屬導線的腐蝕	鋁金屬導線因濕氣及一些伴隨製程而存在的污染物質，產生化學作用而腐蝕。	一、IC 製程中，導入鹵素元素的污染，混合以封裝內部存在的濕氣，在 IC 操作電壓下，鹵素元素作為催化劑，產生不斷再生 $Al(OH)_3$ 的電解反應。 二、PSG 中的磷與濕氣結合成磷酸，進而侵蝕鋁金屬線。	一、在封裝製模混合物及製程材料中，大量地減少可能造成腐蝕的鹵素元素，或加以更嚴格的監測與控制。 二、PSG 以氮化層保護，避免其與濕氣作用，產生磷酸。
焊接線的脫落	1.線掃動	1.可能肇因於焊線，或其後的處理手法。也可能因灌模製程對焊接線造成移動推力而發生。	1.前者可由適當的製程及設定，或者可由自動化，來加以減少或消除。如為後者，通常要或引用黏滯係數較低的樹脂作為模材；或考慮以中央灌模系統取代角落灌模系統（成本高）；或考慮在灌模前，將焊接線絕緣（待研發）。

2. 焊接墊的坑洞	2. 焊接連接線於焊接墊時，自動打線機器的參數設定，包括溫度、超音振動功率、打線力、打線時間等，未經實際操作調到最佳化。也可能從前段製程出來的金屬層或氧化層過於細薄。也可能在晶片測試階段，由於過多探測，過份接觸磨損焊接墊。	2. 以實際操作調整溫度、超音振動功率、打線力、打線時間等至最佳化。或調整前段製程金屬層或氧化層的厚度。或減少晶片測試階段的探測次數，避免過份接觸磨損焊接墊。
3. 焊接球的裂開及脫落	3. 可能的力學原因包括： 焊接線彎折弧線彎折過度。焊接工具在打線後，上升離開焊接時產生振動。打線工具上升到弧線最高點的弧形過於陡峭。在首焊接與次焊接之間，焊接工具的移動過於迅速。首焊接與次焊接的垂直位置落差太大。	3. 如為力學原因造成，仔細找出原因，對症下藥，予以消除。如為非力學原因造成，須或降低或杜絕鈍在導線架接線的含量。或避免經歷長時的高溫製程及生產週期，減少 Kirkendall 空隙產生的機會。

		可能的非力學原因包括： 導線架接頭的表層鍍金中含有鉈，與金形成低溫熔合物，及「紫色傳染病」。	

4.5 封裝可靠度測試

　　在前面幾節裡，對有關封裝產生的一些主要可靠度問題，作了簡要的介紹。聰明的讀者可能會發現所提的可靠度問題，與第三章介紹的 IC 基本可靠度問題有一主要的不同。所謂基本可靠度的問題，幾乎全與電性有關，大部分是 IC 產品在電性操作之下，或因本質因素，或因外來因素，造成的衰敗性或瞬間性問題。這一章介紹的，則除了鋁金屬的腐蝕略與電性有關之外，其它都是因力學或化學因素造成的可靠度問題。而這些因素都與封裝材料、製程的選擇有關。也就是說，理論上，這些可靠度問題幾乎都可以經由慎選材料、製程而避免。換句話說，封裝可靠度問題，不像基本可靠度問題，大部分都不是元件本質，或其衰敗過程的可靠度問題。

　　在 IC 工業界，為了評估經由某種技術開發出來的封裝（包括材料、製程的選擇），對於此章介紹的封裝可靠度問題的阻抗能力，都要作一整套的測試。類似前一章提到的針對基本可靠度問題阻抗力的評估測試，為了縮短評估的時間，封裝可靠度測試也都以加速方法來

進行。但是因前一段提到的原因,除了為評估金屬腐蝕的阻抗力須以
電壓加速(見後面測試項目 3. **THB**,及 4. **HAST**)之外,所有測試
的加壓,都屬純力學及化學性質方面的而已。此節,將工業界經常用
到的主要封裝可靠度測試,簡要介紹如下。

1. **測前處理**(pre-conditioning):這是在作後面一整套封裝可靠
   度測試前,依照產品對濕度敏感度的要求,所作的封裝產品
   零件測前處理。首先,所有待測產品零件須於 125℃ 的烘爐
   中烘乾 24 小時。其次,**濕度敏感度**依要求可被分成三個**等級**
   (moisture sensitivity levels,簡稱 MSL);依 MSL 強弱的順
   序,分別歸類為:**等級 1, 2, 與 3**(Level 1, 2, and 3)。從表
   4-2,可發現 MSL 等級 1 要求產品可以無限制的時間,儲存於
   30℃ 及 85% 的相對濕度環境中,而不會有封裝可靠度不足的
   問題。等級 2、3 對產品,在同樣的環境中,要求無封裝可靠度
   問題的最短儲存時間分別為一年及一星期。對應於不同的 MSL
   等級,測前有不同的處理,以為後續進行封裝可靠度測試的條
   件作準備。因為 MSL 的要求,所謂測前處理當然包括讓產品
   浸潤在不同程度的濕度環境裡。從表 4-2,可知 MSL 等級 1 的
   產品,須浸潤於 85℃ 及 85% 相對濕度的環境中 168 小時。等
   級 2 的產品,須浸潤於 85℃ 及 60% 相對濕度的環境中 168 小
   時。等級 3 要求的產品,須浸潤於 30℃ 及 60% 相對濕度的環
   境中 192 小時。

表 4-2 · MSL 等級、儲存時間及測前濕潤處理				
等級	儲存壽命		測前浸潤要求	
	時間	條件	時間（小時）	條件
1	無限制	30℃/ 85%	168	85℃/ 85%
2	1年	30℃/ 60%	168	85℃/ 60%
3	1星期	30℃/ 60%	192	30℃/ 60%

所有待測產品零件還須經過模仿焊接時，經歷溫度變化過程的紅外線（IR）回焊三次。對含鉛及無鉛的封裝產品，須經過不一樣的 IR 回焊過程。IR 回焊過程中仔細的溫度變化可能因包裝形態、測試機具而略有差異。但如為含鉛的封裝產品，IR 回焊的最高溫度須達 240℃ (＋5℃/-0℃)；如為無鉛的封裝產品，IR 回焊的最高溫度須達 260℃ (＋5℃/-0℃)。這溫度的差異主要是因用作含鉛及無鉛封裝的焊接材料之熔點不一樣的緣故。最後，所有待測產品零件的焊接腳都須經可使焊接容易執行的松香油浸濕 10 秒鐘。這樣才算完成封裝可靠度測試之前的測前處理。

2. **溫度循環測試**（temperature cycling test，簡稱 TCT）：我們已經說過，封裝零件內不同物層間的熱膨脹係數（CTE）有可能差異極大。因為封裝後的成品，不管在後續生產線上，或在客戶實際應用上，都會經過高低溫度的循環變化，這類 CTE 的差異有可能造成前面數節提過的諸如相鄰不同物層間界面的脫離，膠體、保護層或晶粒的破裂，甚至零件電性操作表現的微細變化等可靠度問題。TCT 是對這種可能問題的加速測試。

零件在測試期間，一直在不同極限的高低溫爐中放置固定的時間，週而復始。對於高低溫極限與時間的選擇，工業界一般都有詳細規定。大致而言，為了達到加速的目的，高低溫極限與時間的選擇都要比實際應用的條件嚴苛許多。

一般可用 Coffin-Manson 式來估算 TCT 測試產生的**加速因子**（acceleration factor，簡寫為 *AF*，即測試對實際操作所產生的操作加速的比例），

$$AF = (\Delta T_s \ / \ \Delta T_f)^n \qquad\qquad (4\text{-}3)$$

式中，

ΔT_s = 測試的高低溫極限差，

ΔT_f = 實際應用的高低溫極限差，

n = 與故障模式有關，由實驗決定的經驗值。

Coffin-Manson 式原來是從累積研究鋼鐵因溫差變化而產生力學疲乏的故障模式獲得的許多數據歸納而得的。後來，將它推廣到 IC 產品凡因溫差變化而產生力學不平衡導致的故障模式，發現大致也都適用。但冪數參數 *n* 可能因故障模式而異。實驗上，必須釐清故障模式為何者，然後針對該故障模式對應的數據作參數擷取，才有意義。

必須一提的是，在擷取參數之前，須先作統計分析去了解所看到的故障是屬於因外質缺陷產生的早夭，還是因本質問題產生的晚期衰敗。基本上，如屬於後者，才作 *AF* 的估算，預測低 CDF 值的產品壽命是否合乎一般業界的要求。這和處理基本可

靠度問題的方法是一樣的。我們在前一章已經討論過。如屬於早夭，雖然 AF 的估算也有助於實際應用上故障率的預測，但更重要的應是趕快了解其原因，速謀解決之道。

3. **溫度／濕度／偏壓測試**（temperature／humidity／bias test，簡稱 THB）：這測試將被測零件置於一定的濕度、溫度及 DC 的外加電壓之下；通常為 85% 相對濕度、85°C 及 1.1Vcc。主要的目的是觀察 IC 零件是否在這樣的加速條件下，產生鋁金屬的腐蝕。前面說過，濕氣可以穿越塑膠模體達到內部晶粒表面。更不用說如有各種界面空隙，濕氣更容易長趨直入了。高溫可以更進一步，加速這種濕氣侵入晶粒內部的過程。偏壓的加入，則為鋁腐蝕所需要的電解作用提供加速之源。

在三壓齊加的加速條件下，*AF* 可用如下通式估算，

$$AF = (HR_s / HR_f)^m \exp[Q / k (1 / T_f - 1 / T_s)] \qquad (4\text{-}4)$$

式中，

HR_s = 測試時的相對濕度，

HR_f = 實際操作時的相對濕度，

T_s = 測試時的溫度，

T_f = 實際操作時的溫度，

m = 與故障模式有關，由實驗決定的經驗值。

Q = 主要故障模式的激化能量。

因為 1.1*Vcc* 是在 DC 實際操作時，外加電壓的最壞情況（IC 工業界通常考慮比正常電壓高出 10% 為最高操作電壓），所以式

（4-4）的 *AF* 不包含電壓加速部分。

式（4-4）中的冪數參數 *m* 與 TCT 的冪數參數 *n* 一樣，為經驗值，由實驗決定。

如果 THB 實驗的目的，正如其原始設計，是為了觀察鋁金屬的腐蝕，*Q* 為鋁金屬腐蝕的激化能量，則一般文獻報告的經驗值落在 0.7eV 與 0.8eV 之間。

4. **高加速加壓測試**（highly accelerated stress test，簡稱 HAST）：
   在 4.2 節中，曾經說過，現今技術所製造出來的 IC 產品，因金屬的腐蝕而故障的，應該可以說已經絕無僅有。以 THB 的測試條件已很難激發 IC 產品中鋁金屬的腐蝕。現今 IC 工業界也因此不太用 THB 來作為觀察鋁金屬腐蝕的測試，而代之以加速條件更為嚴苛的 HAST 測試。基本上，HAST 與 THB 有些類似，但加速溫度增加為 130℃。除此之外，因 85% 的 RH，加上 130℃ 的溫度，測試機爐中的氣壓會達到 33.3psi（等於 2 大氣壓）。壓力的增加自然也附帶有加速的作用，但 HAST 的 *AF* 估算，基本上，還是援用式（4-4）。

5. **壓力鍋測試**（pressure cooker test，簡稱 PCT，有時亦以 autoclave test 稱之）：PCT 可以說是不加偏壓的 HAST。但除了不加偏壓之外，蒸氣被灌進機爐裡，直到達到飽和（100% 的 RH）為止。然後，機爐封閉，溫度升高到 121℃，以使氣壓成為 2 倍大氣壓（33.3psi）。這與 HAST 相對濕度設在 85%，而將溫度升高到 130℃ 以達 2 倍大氣壓略有不同。PCT 主要目的是希望借由高溫、高濕氣及高氣壓，加速離子污染效應、晶粒表面漏電、或甚至可能的金屬腐蝕（如有可造成反應的物質

存在於晶粒表面的話）的一類的故障。由 PCT 加速的 *AF* 的估算，基本上，也還是援用式（4-4）。

除了以上長時間的封裝可靠度測試外，通常還須要執行焊接線強度、晶粒黏著強度等測試，以保證連線焊接、晶粒附著等，在長期使用之後都不會造成可靠度問題。但因這些都非長時壽命性的測試，就不在此一一介紹了。

參考文獻

1. Bond lifting, http://www.siliconfareast.com, copyright, 2005.

2. J E Gunn, S K Malik, and P M Mazunder, Highly accelerated temperature and humidity stress test technique (HAST), *Proc. 19th Int. Reliab. Phys. Symp.*, pp 48-51, 1981.

3. E R Hnatek, Integrated circuit quality and reliability, *Marcel Dekker, Inc.*, New York, New York, 1995

4. C W Horsting, Purple plague revisited, *Proc. 10th Int. Reliab. Phys. Symp.*, pp 155, 1972.

5. D R Kitchen, Physics of die attach interfaces, *Proc. 18th Int. Reliab. Phys. Symp.*, pp 312-317, 1980.

6. T Koch, W Richling, J Whitlock, and D Hall, A bond failure mechanism, *Proc. 24th Int. Reliab. Phys. Symp.*, pp 55-60, 1986.

7. H Koelmans, Metallization corrosion in slicon devices by moistureinduced electrolysis, *Proc. 12th Int. Reliab. Phys. Symp.*, pp 168-177(1974)..

8. The Nordic Electronic packaging guidelines, Chpter A, Wire bonding, http://extra.ivf.se/ngl, 2000.

9. M Ohring, *Reliability and Failure of Electronic Materials and Devices*, Academic Press, USA, 1998.

10. L Roth and G Sandgren, Wire encapsulation improves fine-pitch device yield, http://www.semiconductor.net, Reed Business information, 2009.

11. A G Sabnis, *VLSI Reliability*, Academic Press, 1990.

12. W H Schroen, J L Spencer, J A Bryan, R D Cleveland, T D Metzaar, and D R Edwrads, Reliability tests and stress in plastic integrated circuits, *Proc. 19th Int. Reliab. Phys. Symp.*, pp 81-87, 1981.

13. S P Sim and R W Lawson, The influence of plastic encapsulants and passivation layers on the corrosion of thin aluminum films subjected to humidity stress, *Proc. 17th Int. Reliab. Phys. Symp.*, pp 103-112, 1979.

第 5 章

半導體 *IC* 產品量產的
認證過程

　　半導體 IC 製造廠從開發、設計新產品，經晶圓製程、晶圓測試、封裝製程、封裝測試分析等步驟，一直到量產，依據現今業界普遍採用的品質系統的規定，都有一定的程序要遵循。本章特別要介紹的是在確定能否量產之前必須完成的最後一道程序，就是量產的可靠度認證。IC 製造廠為了保證產品一切合乎規格，可靠耐用程度達到業界標準，可靠度認證的程序必須照章走完，絕對不能馬虎。因為可靠度認證是一個十分繁瑣的程序，它牽涉到使用壽命的測試，執行起來，往往曠日廢時。因此，很可能成為急欲推出新產品，搶佔市佔率的業主的「絆腳石」。據筆者的經驗，製造業者基於上述原因，沒有完成認證程序，即汲汲進入量產的例子，老實說，罄竹難書。幸運的，量產之後，客戶端使用起來，沒有大問題，產品安然渡過市場的生命期，天下於是太平。運氣較遜者，則造成客戶使用的問題層出不窮，製造業者將會因此疲於奔命地去解決客戶的退貨、追究、求償、……。更嚴重者，在 IC 業界，將因此被定位為品質不良的製造商，長久難於翻身。除非業者原本就甘願屈居於這樣的格局，否則，有志於成為真正優良品質的業者應引以為戒。

　　本章分成四節。在 5.1 節，將介紹半導體 IC 業界對 IC 產品量產前的可靠度認證要求的一般規格。在 5.2 節與在 5.3 節中，將分別仔細討論晶粒與封裝的可靠度量產認證測試。最後，因近幾年來，車規市場的持續擴大，以及此特殊市場對品質／可靠度的特別嚴格要求，在 5.4 節中，特專節簡介車規的不同認證過程。

5.1　量產前可靠度認證的一般規格

　　通常，新設計出來的產品，起先都用所謂工程批試產。產品工程師重要的工作之一就是測試分析工程批的產品是否合乎當初設計設定的目標規格，並同時開發量產需要的測試程式。經產品工程師測試分析之後，如認為產品的表現一切合乎設定規格，負責的產品工程師的另外一個重要工作就是策動新產品的可靠度認證。一方面他（或她）要聯絡有關負責人，準備下更多工程批（晶）片到製程線上，其中至少要有連續三批，主要用作可靠度認證之用。產品工程師並且要負責將（晶）片製程移動的時間表排出來。同時，產品工程師也要對可靠度工程師作可靠度認證的請求。可靠度工程師收到請求，經過核准之後，必須立刻作必要的準備工作，以期能順利完成依據標準，必要的所有可靠度認證測試，並將計劃的認證時間表排出來。

　　基本上，三批連續的工程批都要通過可靠度的所有必要測試的規格要求（請看後面兩節的詳細內容），才算通過認證，可以正式進入全面量產。但為了能順利將新產品推入市場，認證期間，會在不同階段，對逐漸進入市場所須對應的生產程序跟著作逐漸升高的動作。這種過程可由製造業者自訂之。這兒，僅提供一個可能例子。譬如：在三批中的一批通過某一重要的壽命測試的某時間點時，開始准許對客戶輸出樣品，以供客戶評估之用；其次，在三批中的一批通過同一重要的壽命測試的另一（更後面）時間點時，開始准許部分量產（譬如：可投 10 批。此稱**冒險生產**（risk production），因為萬一認證失敗，這些批有可能或成為完全的浪費，或已經以成品出給客戶，造成製造商進退維谷的窘境）。所以，除非基於商業的考量，判定冒險生

產有其絕對必要，否則，這種冒險的量產行徑不應受到鼓勵。

如果萬一在作可靠度測試時，不管幾批裡面的零件，有故障發生，則須作故障分析，確實找出發生故障的真因，並對真因，對症下藥，作成改善的新工程批，並以之重新認證。重新認證以補足不足的批數為原則。

認證通過，量產以後，有時因某些其他考慮，須要在產品的製程或設計上作改變。一般的規定，作這種改變時，產品是否重新認證，端視所作改變為**主要改變**（major change），或**次要改變**（minor change）而定。主要或次要的判定標準，在於所作的改變有沒有可能改變產品的可靠度表現。如果答案是肯定的，即為主要改變。否則，即為次要改變。經主要改變的產品，須要重新認證，但通常也只是針對可能受到影響的可靠度測試項目而言。不受影響的可靠度測試項目，當然就不必重新認證。作次要改變的產品，不須要重新認證。但通常為確認所作改變，的確並沒有影響產品的可靠度表現，會要求以一批工程批，對一須時較短的主要可靠度壽命測試項目作認證，以資佐證。

新產品量產前的可靠度認證當然是全面性的。須至少包括驗證本書前面提過的所有主要可靠度問題，不會在產品的有用壽命中，出來攪局，使產品提早結束生命。這不僅包括製成晶片本身的所謂晶粒的製程可靠度認證測試，也包括封裝晶粒在內的封裝可靠度認證測試。

原則上，應以作製程可靠度認證測試的同樣三批，同時進行作封裝可靠度認證測試。然而，如果完全同樣的封裝，曾經與另外的晶粒產品結合被認證過的話，封裝可靠度認證測試可以原有的數據為資料，不必重新認證。

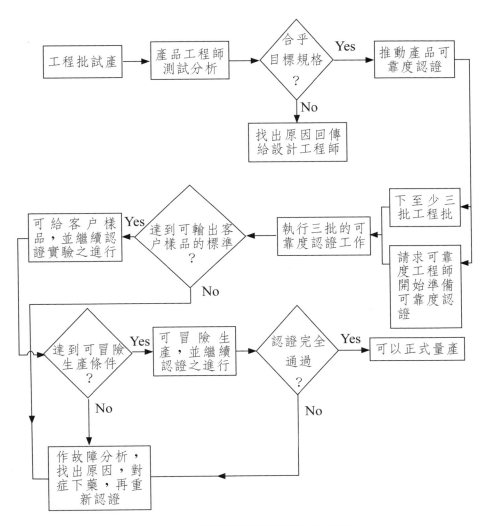

圖 5-1・可靠度認證過程之流程圖

　　圖 5-1 將此節提到的可靠度認證過程以流程圖簡單摘要表示出來，供讀者參考。我們在下一節（5.2）中，將介紹業界有關晶粒可靠度認證測試的各種仔細規格；並在 5.3 節中，介紹業界有關封裝可靠度認證測試的各種仔細規格。

　　在介紹各種可靠度認證測試的規格之前，要先討論一下在測試實驗前，如何選擇測試樣品數量的問題。長時間的可靠度測試為了減少成本，一般業界在選擇測試取樣數量時，都用所謂的 LTPD（lot tolerance percent defective）統計表作依據。假設有一批貨，當它的故障比率（注意：即 CDF，或累積故障率，非故障率，failure rate）小於某指定量（假設為 1%）時，該批貨是勉強可以被接受的。因為整批貨數量很大，全部測試極不可能。我們可以 LTPD 來決定取樣測試的數量。依據表 5-1，最小的可用樣品數為 231，而該批貨可被接受的條件為：經測試後，沒有任何一個樣品故障。如果樣品數增加到 390，該批貨可被接受的條件為：經測試後，只有一個樣品故障。LTPD 取樣來決定一批貨可被接受與否，是基於 90% 信心度的統計計算。也就是以上面的例子來說，取 231 個樣品加以測試，無任何故障而決定接受該批貨，這表示有 90% 的機會整批貨的故障比率小於 1%（或換句話說，有 10% 的機會整批貨的故障比率大於 1%）。

表 5-1・LTPD取樣表

最大缺陷品比例	20%	15%	10%	7%	5%	3%	2%	1.5%	1%	0.7%	0.5%
可接受之壞品數	最小須要樣品數										
0	11	15	22	32	45	76	116	153	231	328	461
1	18	25	38	55	77	129	195	258	390	555	778
2	25	34	52	75	105	176	266	354	533	759	1056
3	32	43	65	94	132	221	333	444	668	953	1337
4	38	52	78	113	158	265	398	531	798	1140	1599
5	45	60	91	131	184	308	462	617	927	1323	1855

很難理解為何 LTPD 成為業界作壽命型可靠度測試的取樣標準。事實上，從上段的討論，可以清楚知道 LTPD 的取樣標準並非為壽命型可靠度測試而設計的。其實，壽命型可靠度測試主要的目的為：1. 確定絕大部分產品在經業界規定的有用壽命的使用之後，因衰敗而故障的情況才開始發生；或 2. 產品在浴缸曲線底部的故障率（注意：failure rate，非 failure ratio）小於一可接受值。因此，以 LTPD 統計表取樣，並決定壽命型的可靠度認證測試的通過與否與 LTPD 的原始用途並不相符。

以上段所述的 1. 的目的來看，其實樣品數的選擇主要的考慮應為：每一組測試實驗所用的樣品數都要「夠大」，使獲得的壽命數據足以作對數常態分佈的套合，並藉之擷取出對數常態分佈中的重要參數（即中間值 u 及形狀因子 σ）為原則。這我們在第三章中已經說過了。當然，樣品數愈大，對數常態分佈套合的信心度愈大是毋庸置疑的。但樣品數太大又有實驗成本的考量。通常，作衰敗式的可靠度測試，樣品數在百顆以內的幾十顆左右，應該就足夠了。

以前段所述的 2. 的目的來看，主要是要確定從實驗數據估算出具有一定信心度的故障率的上限，低於規範規定可接受的故障率。通常，一定信心度故障率的上限是用與 **chi-** 平方分佈（chi-sqaure distribution）有關的統計方法來估計；可用下式表示之，

$$h \, (\text{stress}) = \chi^2 \, (\alpha, n) \, / \, 2t_s, \qquad (5\text{-}1)$$

式中，

$h \, (\text{stress}) = $ 在測試條件下的故障率，

$\chi^2(\alpha, n) =$ chi- 平方分佈函數，

$\alpha = (100 -$ 信心度$)\%$，

$n =$ 自由度 $= 2r + 2$，

$r =$ 故障樣品數

$t_s =$ 測試樣品數×測試時間。

假設在測試條件之下，相較於正常操作條件，實驗對測試樣品，等於作了 AF（加速因子）倍數的加速，則正常操作條件下的故障率，h (field)，可以下式表示之，

$$h \text{ (field)} = \chi^2(\alpha, n) / (2AF \times t_s) \qquad （5\text{-}2）$$

通常，以 60% 信心度的 chi- 平方分佈函數來估計從實驗獲得的數據。這意思是說，在假想多批的實驗中，將有 40% 的批數，其表現會比真正實驗批的故障情況更差。這也就是前面說的式（5-1）代表一定（一般用 60%）信心度的故障率上限的意思。如果規範規定的可接受故障率為 h (spec)，則認證通過的條件當為，

$$h \text{ (field)} < h \text{ (spec)} \qquad （5\text{-}3）$$

此式可用來作為實驗前決定樣品數的依據。譬如：假設規範規定 h (spec) = 100FITs，測試實驗之加速因子 $AF = 80$，測試時間全程為 1000 小時，測試樣品數為 ss，則式（5-3）可寫成，

$$ss > \chi^2(\alpha, n) \times 10^9 / (1.6 \times 10^7)$$

$$= 62.5 \times \chi^2 (\alpha, n) \tag{5-4}$$

再假設我們不希望實驗之中，有任何樣品發生故障，從表 5-2，知 χ^2 $(0.4, r = 0) = 1.833$，代入式（5-4），得

$$ss > 114.6 \tag{5-5}$$

所以，這個測試實驗應該至少選取 115 顆樣品。如果樣品由作認證的三批平均分攤，則每批的樣品數為至少 39。

　　顯然，當業界規範的故障率，隨著日新月異的技術，不斷降低，除非測試時間，或加速因子跟著增加，否則實驗的樣品數應跟著增加，絕對不能像 LTPD 表上所述的一成不變。這是可靠度工程師在設計可靠度測試實驗時，不可不知者。

表 5-2*　60% 信心度的 chi- 平方分佈函數

r	$\chi^2 (0.4, n)$
0	1.833
1	4.045
2	6.211
3	8.351
.	.
.	.
.	.

（*比較完整之 χ^2 分佈函數表見附錄4）

5.2 晶粒可靠度認證測試

就產品而言，晶粒可靠度認證測試包括兩部分：1. 元件可靠度認證測試，及 2. 產品可靠度認證測試。分別闡述如下：

1. 元件可靠度認證測試：此部分主要就是對本書第三章介紹的前三個基本可靠度問題的認證測試。前三個基本可靠度問題就是：介電質的崩潰，電晶體的不穩定度，及金屬導體的電遷移。這三個基本問題因為甚為基本，不能直接在產品上面，而只能在配合各個元件問題設計的基本結構上作測試。在第三章介紹的其它基本可靠度問題，則因須在產品上面直接測試，故歸類到 2. 產品可靠度測試中，後面會再仔細予以解說。

   ● **介電質的崩潰**：針對元件的基本可靠度問題的壽命測試，都利用放置在切割道裡的 WAT 結構行之。WAT 結構的設計，就整個晶粒在欲認證的可靠度問題上，要能代表其最壞的情況為前提。譬如以這裡要談論的介電質的崩潰為例，首先必須考量在 TDDB 測試中，介電質崩潰到底傾向於發生在 MOS 電容器的閘極氧化區的內部，還是傾向於發生在氧化區與擴散區的交界處，還是傾向於發生在氧化區與絕緣區的交界處。如果為第一個情況，WAT 結構（MOS 電容器）應該主要考慮令氧化區的面積與整個晶粒全部的氧化區面積相近 —— 這種結構稱為**面積強化**（area intensive）電容器。如果為第二（或第三）個情況，WAT 結構應該主要考慮令氧化區與擴散區（或絕緣區）的交界長度與整個晶粒全部氧化區與擴散區（或絕緣區）的交界長度相近 —— 這種結構稱為**邊**

界強化（edge intensive）電容器。如果事先無法知道介電質崩潰的發生傾向於何處，則只有把各種結構都放置在切割道裡，以實際測試的結果，幫助後續製程在設計 WAT 結構時，作為決定取捨的標準。

因為在 CMOS 技術裡，閘極氧化層是在 NMOS 與 PMOS 中都有，所以兩種 MOS 電容器的閘極氧化層都須接受認證評估。自然地，為求在一外加電壓之下氧化層中電場強度的最大化，受實驗測試的電容器必須以**聚積模態**（accumulation mode）電壓加速。

對於測試認證的進行，在第三章介紹相關問題時，已有相當描述，讀者如果已經忘記，建議可複習第三章的相關章節。第三章中提到以三組不同溫度，及三組不同電壓來擷取 TDDB 的激化能量及倒電場模型裡的比率常數。當然，這是假設激化能量及倒電場模型裡的比率常數不知道的情形。在這種情形，其實只要用作認證的三批中的一批作激化能量及 1/E 模型的比率常數的擷取就好。擷取出來的參數應為所有同樣技術製造出來的產品的共同資料，可以為所有批所共用。不必每一批都作同樣擷取的工作，以至於每批弄出不盡相同的激化能量及 1/E 模型的比率常數。這不僅不必要，理論上，也是矛盾的作法。

業界一般對 TDDB 的認證通過規格定為：測試結構在最嚴苛的操作條件之下，其累積 0.1% 故障率的壽命點超過十年。

值得一提的是，如果操作到十年時的累積故障率為 0.1%，則這十年的平均故障率為 0.001/(10×365×24) × 109 FITs =

11.4 FITs。這種故障率，在產品零件有用的生命期裡，一般是可被接受的。何況，事實上，因介電質崩潰是一種本質衰敗的可靠度問題，故障的發生應該大多是在接近十年之末的事了。

● **電晶體的不穩定度**：在第三章中，我們提到三個主要造成 MOSFET 不穩定的可靠度問題：離子污染，熱載子射入（HCI），及負偏壓溫度不穩定度（NBTI）。其中，離子污染在較近年的技術裡，已受到很好的控制，不再是一主要問題，製造商一般不將之作為可靠度認證的項目，因為離子污染一旦發生，還要經由可靠度認證再評估發現，已經遲矣。筆者以為不將之作為可靠度認證的項目是對的，但應代之以製程線上的定期追蹤，持續觀察，以防離子嚴重污染的可能性出現，而能適時作出杜絕改善的動作。另外，NBTI 是近年來的一個主要基本可靠度問題的研究項目。製造商在開發新製程的同時，理應將此問題併入，也作為開發、研究、了解的題目，並藉此活動規範出如何成為業界普遍遵循，評估認證此可靠度問題的方法。因此，此處，我們認為業界一定須要作的有關電晶體不穩定的可靠度問題的認證項目，只有 HCI 一項。

用來作為 HCI 可靠度認證的 MOSFET，同 TDDB 一樣，只能利用放置在切割道裡的 WAT 結構。雖然一般而言，NMOS 的 HCI 效應比較嚴重（但有文獻報告，到了深次微米尺寸的技術，PMOS 的 HCI 效應與 NMOS 不相上下），但原則上，NMOS 與 PMOS 都要接受認證測試。因為通道長度最短的

MOSFET 受 HCI 影響最深，作為認證測試的 MOSFET 應該選擇該生產技術用到的最短通道長度者。

認證工作的進行，基本上，同 TDDB 的作法一樣。所不同者，加速 HCI 衰敗的考慮當然與 TDDB 迥異。第三章曾經說過，HCI 主要發生於 MOSFET 在飽和模態操作的時候。實驗也發現，對一固定閘極電壓，當汲極電壓約為閘極電壓的兩倍時，HCI 的效應最大。所以 HCI 借偏壓加速的選擇宜以此為考慮的基礎。一般，幸運載子模型是作為從加速條件延伸到操作條件預測 HCI 效應的憑藉。細節已在第三章談及。

在第三章，也曾經說過，HCI 效應隨溫度降低而增加。真正的變化（或說在低溫的加速）宜以實際數據求得，不要相信「負激化能量」這樣太牽強的觀念。

對於 HCI 故障的定義，第三章亦已有述及，此處亦不重複。業界對 HCI 可靠度認證訂定的規格，與其它基本可靠度問題，譬如：TDDB，類似。也就是：MOSFET 在最嚴苛的操作條件之下，HCI 效應累積 0.1% 故障率的壽命點須超過十年。這裡，可能會碰到一個 DC 與 AC 操作的問題。從 DC 的 HCI 測試實驗數據，以幸運載子模型延伸預測最壞的 DC 操作條件下的壽命，就深次微米的技術而言，以筆者的經驗，往往不能達到前面提到的業界所定規格（10 年）的要求。但產品真正的操作條件並不在 DC，而在 AC。從 DC 到 AC，文獻報告 HCI 的壽命可增加至少約 170 左右的倍數。到了深次微米的技術，如果引進包括從 DC 到 AC 的壽命轉換倍數的考量，HCI 造成的衰敗效應，基本上，似乎還可被控制在

可接受的範圍之內。但隨著製程技術尺度的繼續縮減，寬容度也愈來愈小，仔細的認真認證評估 HCI 效應，並同時尋求改善之道，就變成愈來愈重要了。

● **金屬導體的電遷移**：在第三章中，曾經提到作為電遷移測試的金屬導線，必須比所謂的 Blech 長度長，才能使電遷移現象發生。以鋁或其合金而言，在 $10^6 A/cm^2$ 的電流密度流動之下，Blech 長度大約在數百微米（～100-500μm）之譜。所以，作為電遷移測試的鋁金屬線一般要在 1000 微米長度以上。將這種長條型的金屬線放在切割道裡，必須繞成彎曲往復的所謂的蛇形狀結構。另外，第三章中也說過，電遷移現象在次微米寬度附近的表現，與晶體顆粒結構很有關係。所以，在顆粒平均大小（就鋁及其合金而言，約在 1 微米左右）附近，應設計多一些不同寬度的金屬線，以供認證測試時，能對竹子結構或近似竹子結構的金屬線的電遷移表現，有更清楚的了解與更正確的評估。

第三章中，也曾提到接觸洞及連接洞是容易引起電遷移現象的源頭。對金屬導體的電遷移的可靠度評估，自然也應該把接觸洞及連接洞的適當結構包括在內；於評估金屬線的電遷移可靠度時，也可同時評估接觸洞及連接洞的電遷移可靠度。

通過認證金屬導體的可靠度的業界標準也與其它基本可靠度項目一樣；電遷移的測試結構在最嚴苛的操作條件之下，電遷移效應累積 0.1% 故障率的壽命點須超過十年。必須特別強調，當在將一組樣品的壽命數據作對數常態分佈套合時，

針對竹子結構或近似竹子結構的壽命數據的處理要非常小心。因為這些結構的電遷移現象極其複雜，小心處理數據，以期能得到正確的結論是很重要的。

2. 產品可靠度認證測試：除了 1. 中介紹的三個基本可靠度問題，其它第三章提到的與晶粒直接有關的可靠度問題，都須在產品零件樣品上直接測試。將在後面一一解釋，當對它們作認證測試時，應注意可能引起的相關問題。另外，有所謂的 **HTOL 測試**（high temperature operating lifetime test，高溫操作壽命測試）是模擬產品在高溫加速之下的操作狀況，是業界普遍採用，在量產認證時，絕對不可或缺的可靠度測試項目。也將於後面加以介紹。

但在介紹這些認證測試之前，必須先再作一點加註說明。後面談到的 ESD 及 CMOS 閂鎖測試，雖然都是有關可靠度的測試，但純粹都只是用來驗證樣品是否達到業界規格所要求的阻抗能力而已，所以，都不是壽命型的可靠度測試。因此，根據我們在 5.1 節所言，這種測試比較適用 LTPD 作為選樣的標準。至於，α 粒子軟性錯誤及 HTOL 等的測試，是一種浴缸曲線底部的壽命型可靠度測試，就應遵循 5.1 節中討論的，以規範規定可接受的故障率，來決定樣品數的選擇。

- **ESD 認證測試**：為業界廣泛遵循的規格，要求 ESD 測試樣品的任一腳與所有其它腳之間，及與所有電力腳與地線腳之間，不管作什麼 ESD 模型（HBM, MM，或 CDM）的測試，都要逐一打 ESD 電流脈衝，以求得整顆樣品能夠通過的最低 ESD 電壓。因此，測試 ESD 的成本與時間不小。為了減少

成本與時間的衝擊，測試的樣品數通常被規定僅須 5 顆（每一模型）。這樣的樣品數對應於相當高的 LTPD（50%）。能夠以這麼高的 LTPD 取樣，其實，顯示 ESD 的**操作特性**（operating characteristics）：它雖以少數的樣品數通過，但卻仍能以相當高的機率保證整批貨可被完全接受。

一般業界規定 HBM 通過的標準電壓為 2000V；MM 通過的標準電壓為 200V。對於 CDM，因為第三章提過的原因，尚無統一的規格標準。

- **CMOS 閂鎖認證測試**：因為一般業界規格要求 CMOS 閂鎖測試樣品的所有腳都必須以脈波激發出 CMOS 閂鎖的電流電壓。因此，測試 CMOS 閂鎖的成本與時間，與測試 ESD 一樣，所費不貲。為了減少成本與時間的衝擊，測試的樣品數通常也被規定為僅須 5 顆。這也顯示 CMOS 閂鎖有同樣的操作特性：雖以少數的樣品數通過，但仍能以相當高的機率保證整批貨可被完全接受。

一般業界規定 CMOS 閂鎖通過的標準激發電流、電壓各為 +/- 100mA 及 1.5Vcc。

- **α 粒子軟性錯誤認證測試**：第三章說過，α 粒子軟性錯誤測試的加速方法是將高速核子衰變，放出高強度 α 粒子束的元素，置放於接受評估的 IC 零件之上。如用的放射元素是 ^{241}Am，從文獻報告，其 α 粒子放射通量強度為：$4.53 \times 10^5 / cm^2$-hour。今日一般封裝用的膠體的 α 粒子放射通量強度估計約在：$0.001/cm^2$-hour。如暫時忽略幾何因子的影響，^{241}Am 放射源造成的 AF 為 4.53×10^8！假設規範規定 h(spec) = 10FITs，

又假設我們希望在 10 小時之內完成軟性錯誤測試。設測試樣品數為 ss，則 5.1 節中的式（5-3）可寫成，

$$ss > 0.011 \, \chi^2 \, (\alpha, n) \tag{5-6}$$

再假設我們不希望實驗之中，有任何樣品發生故障，從表（5-2）知 $\chi^2 \, (0.4, r = 0) = 1.833$，代入式（5-6），得，

$$ss > 0.02 \tag{5-7}$$

式（5-7）清楚的告訴我們：因為 ^{241}Am 放射源提供的高 *AF*，通常 α 粒子軟性錯誤測試，僅須要單單一顆測試樣品就綽綽有餘了。

因不同的應用對軟性錯誤的故障率有差異極大的不同要求，所以業界對軟性錯誤的故障率並無統一的標準規格。但可預期，在要求嚴格的汽車或太空應用上，前面 10FITs 故障率的假設是明顯過於寬鬆。製造商在作認證測試時，應針對不同應用的要求，在選取樣品數時，依據本書所述方法作不同的考慮。

- 高溫操作壽命認證測試（**high temperature operating lifetime**，簡稱 **HTOL**）：HTOL 是量產前認證工作中一個十分重要的測試。為了加速模擬實際應用時晶粒的可靠度表現，而有此測試。通常，晶粒操作的加速可藉著高溫及高電壓二者達成。因為高電壓的加速，情形比較複雜，加速因子比較難於正確估

計，所以在 HTOL 裡，操作電壓通常固定在 $1.1Vcc$，也就是操作時電壓可能的最壞情況，不被考慮對晶粒操作有任何的加速。所以，基本上，在 HTOL 裡，操作加速僅來自高溫，也就是 HTOL 命名的由來。通常，HTOL 的高溫被規定為 $125°C$，因為比此溫度更高者，除非實驗設備有特別強化設計，否則容易造成退化的問題。假設使晶粒故障的主要模態的激化能量為 $0.7eV$，則從商用最高的操作溫度，一般定為 $55°C$，到 $125°C$ 的加速因子為 80。這就是在 5.1 節裡，當估算選取作浴缸曲線壽命型可靠度實驗的樣品數，用到的那個加速因子。一般，業界都要求 IC 產品有十年的壽命，所以，HTOL 的測試時間也被定在 1,000 小時（1,000 小時×80 = 80,000 小時，約近十年的 87,600 小時）。在測試期間，通常會停在幾個時間點，對樣品作產品的最後測試。如果期待晶粒在實際操作時的故障率小於 100FITs，則三個認證批所須要的最小樣品數為 115。當然，如果期待晶粒在實際操作時的故障率降低，則最小樣品數須跟著適量地調升。

HTOL 測試中，如有任何樣品故障，使故障率增加，容易使認證失敗。此時，最重要的是要緊作故障分析，查出故障真因，對症下藥，改正病因，迅速重新認證。如不此之圖，打馬虎，玩文字遊戲，讓產品冒然進入量產，則敢保證將來一定會從客戶收到故障退貨。而其故障模態，十之八九，就是在 HTOL 看到而被忽略掉的同種。

結束此節前，必須提一下兩個模擬浴缸曲線中早夭期的加速測試。即：**嬰兒死亡率測試**（infant mortality test，簡稱

IM），與早期故障率測試（early life failure rate test，簡稱
ELFR）。

● **IM 測試**：IM 測試主要是用來探討產品早夭期的故障率變
化，並據以決定可以把帶有製程缺陷的零件順利刷清的量產
線上的最佳 burn-in 條件。所以，IM 測試通常並不作為認證
的測試項目之一。不過，要求嚴格的 IC 客戶，譬如汽車 IC
零件客戶，也會把它當作認證的測試項目，要求生產者將三
批 IM 測試的認證放在**產品認證報告**（product qualification
report，簡稱 PQR）裡面。因為 IM 測試的目的是希望將帶有
製程缺陷的零件，在最短時間內，順利刷清；除了溫度（與
HTOL 一樣，設在 125℃），就要靠電壓產生更高的加速達
成。但過高的電壓又有可能造成不必要的過度加速，激起不
必要的故障模態。因此，通常，IM 測試須要藉著幾組不同的
電壓，尋找藉電壓加速，而能快速刷清屬於早夭期零件的最
佳條件。所以，IM 測試比較類似一種量產前，選擇生產流程
中該用的 burn-in 條件的過程，而非對已經確定條件的認證。
不過，如果說選擇 burn-in 條件的過程也包括了對確定條件的
認證，亦無不可。因為 burn-in 測試主要的目的是為了刷清屬
於早夭期的零件，所以，故障率隨時間而收斂，是一個很重
要的最佳化選擇條件。有時，此點執行起來若有困難，表示
或製程造成過多的缺陷，難於刷清；或用以刷清產品的測試
程序，效果不佳。製程工程師或產品工程師，應該配合可靠
度工程師，共同定位故障的主要模態，藉製程或測試程序的
改善，或兩者兼具，迅速找出解決之道。

- **ELFR 測試**：ELFR 測試主要目的是以之確定量產線上的 burn-in 可將帶有製程缺陷的零件完全順利刷清與否。通常在量產線上，它緊跟著 burn-in 之後，作為確定追蹤之用。品質要求較高的客戶，譬如汽車 IC 零件客戶，會要求將此測試，定期定量（譬如：每季一批）放進生產流程裡。要求更嚴格者，甚至會要求它成為生產流程中每一批的固定流程。ELFR 的測試條件，可與 HTOL 一樣（或操作電壓稍高），但也許只操作 48 小時（約略等於真正實際操作條件的 6 個月）。因為它為生產流程的一部分，而且僅作追蹤之用，樣品數的決定，以成本的考量為重要依據；通常在數百到上千個範圍之間。但對故障樣品數，則以零收一退為判定通過與否的標準。

以上討論的晶粒可靠度認證的各種測試適用於一般邏輯及記憶體的 IC 產品。但對於**非揮發性**（non-volatile）記憶體產品，還須包括後面兩個測試，以保證產品在保存記憶方面非揮發性的可靠度。

- **耐力循環測試**（endurance cycling test）：在室溫，對樣品的記憶元寫／洗「00」，「FF」，循環 100K 次。當任一記憶元的「00」或「FF」發生反轉的情況即為故障。因耐力循環測試為壽命型可靠度測試，故樣品的選擇應遵循 5.1 節所介紹的方法。

- **數據保存測試**（data retention）：將待測樣品的所有記憶元寫到 floating gate 充電的狀態（假設為「1」）。令其不加任何偏壓，而處於 150℃ 之溫度下，達 1,000 小時。然後檢驗

「1」是否仍為「1」。任何記憶元由「1」轉為「0」，該樣品即為故障品。因數據保存測試亦為壽命型可靠度測試，故樣品的選擇亦應遵循 5.1 節所介紹的方法。

5.3　封裝可靠度認證測試

在討論有關前一章介紹過的長時壽命型封裝可靠度認證測試之前，此節先要討論有關焊接線強度、晶粒黏著強度等非長時壽命型的認證測試。這些測試所用的樣品，與其它長時壽命型的封裝可靠度測試一樣，都要用經過測前處理（見前一章）過的。測試樣品數則通常用高 LTPD 的低數目（譬如：LTPD = 50% 的 5 顆）。其理由與前一章為 ESD 及 CMOS 閂鎖測試用低樣品數的解釋完全一樣，此處不再重複。

- 焊接能力測試（solderability test）：作這測試時，樣品須先在 93℃ 的水流浸過 8 小時。然後，如為含鉛封裝樣品，其導線腳就在 245℃（＋/−5℃ 誤差）的焊材中浸入 5 秒；如為無鉛封裝樣品，其導線腳就在 260℃（+/−5℃ 誤差）的焊材中浸入 5 秒。過後，樣品用放大倍率 10-20X 的光學儀器檢驗。通過的條件為至少導線腳有 95% 以上的面積均勻地沾上了焊材。

- 導線疲乏測試（lead fatigue test）：這測試是用來檢驗導線腳接受外來機械力的忍受程度。接受測試的樣品放置在作疲乏測試的特殊儀器上。如為 SOJ 或 TSOP 型封裝，加 2 OZ. 於待測腳。其它封裝，則加 8 OZ. 於待測腳。儀器接著使腳受力的方

向作 90° 的旋轉，TSOP 的封裝須旋轉兩次，其它封裝須旋轉三次。過後，樣品用放大倍率 10-20X 的光學儀器檢驗。通過的條件為導線腳無任何受機械力傷害的痕跡。

- 線接合強度測試（wire bond strength test）：這測試包括兩種：線拉力測試（wire pull test）與連接球推扯力測試（ball shear test）。二者都有專門為測試設計的特殊儀器。對於不同的線徑，業界有不同的可承受力的要求。加力過後，樣品用放大倍率 10-20X 的光學儀器檢驗。通過的條件為連接線與連接球無任何機械力傷害的痕跡。

- 晶粒接合強度測試（die bond strength test）：作這測試時，樣品的晶粒須接受推力（通常最大為 30grams），然後用放大倍率 10-20X 的光學儀器檢驗。通過的條件為晶粒與銀膠黏著劑間無任何相互脫開的痕跡。

後面將討論的四個長時壽命型的封裝可靠度測試，已在第四章一一介紹過。因為它們都是長時壽命型測試，樣品數的選擇，可參考 5.1 節裡的敘述。其中，加速因子的估算則可參考利用第四章中，對各個測試所列出的經驗公式。

- 溫度循環測試（TCT test）：業界對 TCT 測試溫度的上下限，通常分別定在 150℃ 及 −50℃。每次上下限溫度停留的時間為各 10 分鐘。轉變溫度的過渡時間為 15 分鐘。溫度循環次數規定為 250。在每一溫度循環之後，應作產品最後測試，以鑑別 TCT 的影響。任何 DC 的超出規格，或操作的失效，都應判為樣品故障。亦有要求在 TCT 之後，作線接合強度測試、晶粒接合強度測試，或甚至**掃瞄聲波顯微鏡**（scanning acoustic microscope，簡稱 SAM）檢查，以確定無封裝方面的傷害，作為判定樣品故障與否的標準。整體樣品批通過 TCT 的認證與否的判定，以故障率的估算為準，則與前面討論 HTOL 的認證方法一樣，此處，不再重複。

- 溫度／濕度／偏壓測試（THB test）：THB 測試所用的條件通常為 85% 相對濕度、85℃ 及 1.1 *Vcc*（靜態）。測試的時間全程為 1000 小時。其間，可在 168、500 小時等停下來，作各種須要判別故障與否的測試。因 THB 測試主要目的在於激發鋁金屬的腐蝕。如發現有任何故障，應先確定是否屬於這個模態。在估算 *AF* 時，用到的溫度激化能量，須引用從正確的故障模態取得者。

- 高加速加壓測試（HAST test）：前一章說過，THB 的測試條件很難激發 IC 產品中鋁金屬的腐蝕。又因其耗時甚長，現在大都以 HAST 測試取而代之。因為測試溫度比 THB 增加了 45℃，*AF* 約增加 10 倍以上，因此，HAST 測試時間被定在 100 小時內完成，大大地縮短了封裝可靠度認證的時間。測試後的樣品檢驗，如發現有任何樣品故障，與 HTOL 測試一樣，最重要的是要緊作故障分析，查出故障真因，對症下藥，改正病因，迅速重新認證。

- 壓力鍋測試（PCT test）：PCT 測試所欲激發的封裝故障模態與 HAST 類似。二者提供的 *AF*，亦相差無幾，所以，PCT 測試時間，比 HAST 的只略長一些，被規定為 168 小時。有關 PCT 測試的其它應注意者，可參考前面對 HAST 測試的按語。本節臨結束前，必須一提近年來，為保證無鉛錫腳的可靠度而

常提到的**錫鬚生長測試**（tin whisker growth test）。從 2007 年 7 月開始，歐盟基本上，禁止含鉛的製品進入歐盟共同市場。影響所及，一向以鍍錫鉛合金的焊接導線腳的 IC 封裝，已大部被 IC 製造業者揚棄，而代之以鍍無鉛純錫的焊接導線腳的 IC 封裝產品。工業界早在 1940 年代，就知道無鉛純錫的表面，以迄今還不被完全明瞭的原因，經長時間的過程，慢慢會突起長出類似鬍鬚形狀的細小結晶體結構。含鉛的錫鉛合金則無此現象，或即使有，錫鬚的生長速率也一定遲緩許多，而不造成問題。錫鬚的生長可能促成鄰近兩腳的相接觸，產生短路。所以，有所謂的錫鬚生長測試，以保證錫鬚，即使生長，在 IC 產品被使用的生命期內，也不會造成短路的結果。

● **錫鬚生長測試**：此種測試，依 JEDEC 的規定，有下列三個不同的等級。

1. 將樣品儲存在 55℃/85% 相對濕度中，至少 4,000 小時，觀察錫鬚的長度與時間的變化。

2. 將樣品儲存在 30℃/60% 相對濕度中，至少 4,000 小時，觀察錫鬚的長度與時間的變化。

3. 對樣品作從 −40℃ 到 85℃（或從 −50℃ 到 85℃）的 TCT，至少 1,500 循環，觀察錫鬚的長度與時間的變化。

雖然錫鬚生長測試為長時間的可靠度實驗，但因其操作特性，可用 50% 的 LTPD 來選擇測試樣品數。故障的判定則以鬚長超過某個特定長度（譬如：50μm），足以造成短路為準。

5.4 比較嚴格的車規認證

　　從本世紀以來，IC 產品在汽車上的應用，大幅增加（參考圖 5-2），形成一快速成長的 IC 產業。IC 產品應用於汽車上，操作溫度的上下極限，理所當然，都比其它的應用嚴苛；加上汽車應用安全的考慮，其品質及可靠度的要求，也相對地比其它應用大大提高。汽車業者對於他們所需求的 IC 產品因此要求嚴格。為汽車規格製造的 IC 產品，一般的認知，在業界乃代表經過最嚴格鍛鍊而出的產品，其品質與可靠度都被保證在商規及工規之上。**美國汽車工業電子評議會**（automotive electronics council，簡稱 AEC）對於汽車應用的 IC 產品的認證都詳細規定在其稱為 AEC-Q100 的文件裡。本節，將就其中車規量產認證與一般工規的不同，加以一一點出說明。

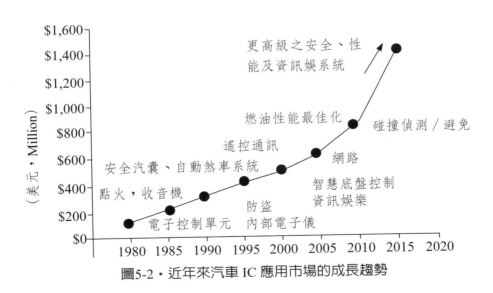

圖5-2 · 近年來汽車 IC 應用市場的成長趨勢

　　首先，新產品的工程批開始出廠時，AEC 要求產品工程師所作的工程批的特性分析，必須包含至少三批的有關特性參數的統計報告。這種統計報告有助於了解產品的**電性分佈**（electrical distribution，簡稱 ED）。這是車規對產品認證，有別於一般規格的認證，額外多出的第一個要求。

　　其次，在所有前面提到的認證測試中，如果須要以最後測試程式來檢驗樣品能否正常操作時，測試的溫度上下限當然以車規的為準。車規的低溫下限一般定為 −50℃，比**工規**（industrial grade）的 −40℃ 還低了 10℃。工規的高溫上限，一般定為 70℃。而車規的高溫上限則分成三個等級：稱為 A1（高溫上限為 85℃）、A2（高溫上限為 105℃）、及 A3（高溫上限為 125℃）。

　　在晶粒可靠度方面，車規要求將 ESD 中的 CDM 包括在認證測試的項目之中。而且也規定 750V 為通過的脈衝電壓。另外，在 CMOS 閂鎖測試裡，作電流模態激發時，將判定通過的激發電流，從 100mA 提高兩倍為 200mA。

　　除此之外，車規認證還要求做一額外特殊的所謂**閘極漏電測試**（gate leakage test）。此測試的主要目的在於評估 IC 零件對於強電場、高溫引起的閘極漏電的阻抗能力；它的執行須要一如圖 5-3 所示的設備；包括可加高溫到 155℃ 的熱爐，爐內含有具一導電基座的絕緣箱、可產生高可及 20KV 的 DC 電源、可產生高電場的鎢材探針、可測量高電場的探針、及可測量高電位的數位電位儀等。其中，鎢材探針與導電基座的表面距離最多不能超過 3 英吋。測試時，使熱爐達到 155℃ 的同時，將 DC 電源也加到 4,000V（正負極向，各作三個 DUTs）。在接受這種強電場、高溫洗禮的前後，DUTs 的基本

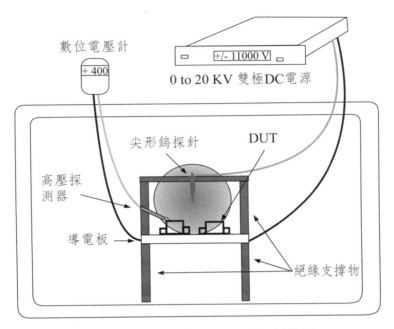

數位電壓計

+ 400

+/- 11000 V

0 to 20 KV 雙極DC電源

尖形鎢探針　　　DUT

高壓探
測器

導電板

絕緣支撐物

圖5-3・車規中閘極漏電測試設備裝置

電性參數，譬如：DC 電流參數、AC 波型參數等，都應一一測量。
如果這些前後參數的數值有飄動，而且超過規格的範圍，DUT 即判
定為故障。所有判定故障的 DUTs，都要放進 125℃（或 150℃）的
熱爐，烘烤 4（或 2）小時。故障的 DUTs 經此烘烤過程，應該都會
恢復正常。如果沒有恢復，表示 DUT 受到處理上、或 EOS、ESD 之
類的永久傷害。它們的數目都必須被排除在測試的統計估算之外。
AEC-Q100 要求作此測試的樣品數為 6，通過的標準為無任何 DUT
被判定故障。

　　車規的晶粒可靠度認證還須包括三批 ELFR 測試的通過，以確定
生產流程中的 burn-in 可以順利刷清帶有製程缺陷的產品零件，效力
無誤。就如前一章所言，大部分汽車 IC 零件客戶會要求將 ELFR 定

時定量地放進生產流程中，以更謹慎地追蹤從 burn-in 逃脫的任何漏網之魚。

在封裝可靠度認證方面，車規要求 TCT 測試須作 500 次溫度循環，比起一般作 250 次循環（見 5.3 節）的業界要求，多出一倍。除此之外，汽車應用因常碰到高溫怠車的狀況，車規還要求量產前，須有至少一批樣品通過**高溫儲存壽命測試**（high temperature storage life test，簡稱 HTSL）。此測試要求將樣品置入可作高溫儲存的熱爐中，通常要求在 150℃，至少作 1,000 小時的儲存。高溫儲存前後，須作參數、功能測試、及各種可能的封裝問題檢驗。如發現任何樣品有超出規格的飄移，就應判為故障樣品。因為這測試亦屬壽命型測試，應沿用 5.1 節中所描述的步驟決定測試樣品數。

當 IC 產品的客戶從製造商購得需要的產品零件時，經過一般品質管制的檢查後，轉到生產線上，必經焊接過程，將 IC 零件放到特殊應用的 PCB 上。接著，當然是要作基本的檢驗測試，以驗證 IC 零件能正常操作與否。因之得到的故障比率（＝故障 IC 零件數／全部 IC 零件數），通常以 ppm（parts per million）表示。一般工規客戶對故障比率可接受的範圍大概在 10-100 ppm 之間。然而，汽車 IC 零件客戶對此 ppm 的要求就苛刻得多。最近幾年來，越來越多的汽車客戶已經從要求個位數 ppm，進而要求低於個位數的 ppm，（比較適合以 ppb, parts per biliion，表示的故障比率），甚至還有汽車客戶要求盡善盡美，毫無缺點的 0 ppm（或 0 ppb）。

其實，如果說汽車客戶要求 0 ppm，倒不如說他們要求的是：製造商對 0 ppm 的持續追求的改善動作。我們都知道 IC 產品的製造，十分冗長複雜，從設計、試產、到生產；自前段，以至後段；其中，

足以影響 IC 零件表現的因子不知有多少。其中，只要一個因子出錯，就有可能讓 IC 零件全盤盡墨，成為故障產品。所以，偶有零件故障，故障比率落在個位數的 ppm 之譜，原也無可厚非。然而，事出必有因，即使只是一個因子出錯，也還是造成故障的原因。如果置之不理，它就可能不斷重復出現。但如果能將出錯的因子揪出，並找出改正杜絕之道，而且盡速付諸實施，這就是汽車客戶要求的，不斷經由**連續改善**（continuous improvement），以達到 0 ppm 的真義。雖然，或許 0 ppm（注意：0 ppm = 0 ppb = 0 ppt (trillion) = ...）是對 IC 產品追求的一種理想境界，實際世界似乎並不存在。

參考文獻

1. JEDEC Standard, JESD22, JEDEC Solid Sate Tecgnology Association.

2. MIL-STD-883, Military standard, test methods and procedure for microelectronics, Department of defense, USA, Washington, DC, 28 Feb, 2006.

3. EIAJ, Engineering standards, specification and technical information for engineers, Eletronics Industries Association of Japan.

4. AEC-Q100, AEC Component Technical Committee.

第 *6* 章

故障分析

前面一章提到，在作量產的可靠度認證時，如有樣品故障，應即時作故障分析，找出故障真因，對症下藥，尋求改善，以求認證能確實而迅速的通過。同樣的步驟，也須應用在從客戶退貨回來的故障成品。以此觀之，故障分析是了解、解決、改善半導體 IC 產品可靠度問題極為重要的一部分。在本書最後一章的首節裡，將介紹在半導體 IC 產品的故障分析中，常用到的工具／技術（6.1 節故障分析的工具與方法）。在 6.2 節中，討論電性／物性的故障分析；其中，還包括對故障模態／故障機制的介紹解說。其次，在 6.3 節中，討論 IC 業界一般所最常見到的故障模態／故障機制；分別可歸類為：「晶圓製程缺陷」、「封裝製程缺陷」、「偵測失效涵蓋率不足」三種。在本書最後一節，6.4 節中，筆者就針對此三類主要的故障模態／故障機制，提出業者欲降低故障率，特別在未來，所應該努力追求的方向。

6.1　故障分析的工具／技術

當故障零件送到故障分析工程師的手裡，他們除了首先要作一些外觀檢驗及清理工作之外，就是要作一些基本電性分析及功能測試，以了解從電性而言，故障情況是否一如送件者的描述，並據以決定下一步的故障分析如何進行。在這一階段，利用到的主要分析工具或技術可以包括如下所列者。

● 參數分析儀（parametric analyzer，如 HP4145）或曲線追蹤儀（curve tracer）：這應是一般電子業工程師耳熟能詳的工具；以它們來作一些相關導線腳的 DC/AC 測量，期能初步簡單了解故障零件在

電性上的可能異常。

● **工程測試機**（engineering tester）：這是供給工程師對 IC 零件作簡單的功能分析用的機台。通常，在業界以其製造者的牌名稱呼。這種測試機台能作簡單的 DC/AC 參數測量，也能作簡單花樣的基本功能測試。這是須要與工程師一直互相溝通的機台，適合工程師作工程分析之用。

● **生產測試機**（production tester）：這是在生產線上作最後測試的機台。通常，在業界亦以其製造者的牌名稱呼。有時，工程測試機因其只能作工程分析的極限性，未含有澄清零件故障的功能測試花樣，此時，就須借重生產測試機作進一步較細節的測試，以釐清確定零件的**故障模態**（failure mode）。

在初步的故障鑑定之後，如有須要，故障分析工程師必須透過封裝的外部，對內部作物理觀察，以幫助了解零件故障的真正原因。首先，當然希望還能維持零件，包括封裝體的完整性。下列工具／技術，經由 X 射線、超音波之助，不用破壞零件的封裝體，可對零件內部，主要在導線架、封裝膠體、界面、連接線等，先作一些粗略的觀察。

● **X-射線影像術**（X-ray radiography）：利用 X- 射線穿透封裝零件，經不同材料有不同的強度衰減的原理，形成明暗對照的影像。X- 射線影像儀，由於波長的限制，在長度解析度方面，被限制在 10μm 以上。是適合於對封裝內部金屬線連結及導線架佈局，作整體品質檢驗的機台。圖 6-1 是封裝零件內以 X- 射線影像術照攝得到的圖像。圖 6-1(a) 顯示 IC 零件有一連接線在次焊接的地方沒有接好，碰觸到鄰線的 X- 射線影像；圖 6-1(b) 為同一零件，但旋轉約 90° 的

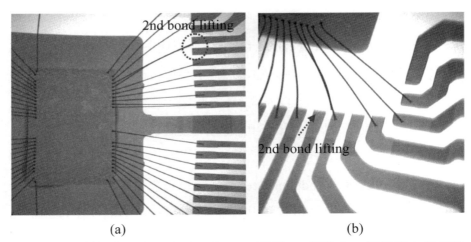

(a)　　　　　　　　　　　　(b)

圖 6-1・X- 射線影像術的應用圖像：(a) 顯示 IC 零件有一連接線在次焊接
　　　的地方沒有接好，連接線碰觸到鄰線的 X- 射線影像；(b) 同一零
　　　件，但旋轉約 90° 的 X- 射線影像。

X- 射線影像。

　　● 聲波掃瞄顯微術（scanning acoustic microscopy，簡稱
SAM）：利用振動器產生超音波，投射到欲檢查的樣品。再收集從
樣品不同層面反射回來的音波，經轉換器，改變成電的訊號。將這種
過程重複而成平面掃瞄，可得整個樣品內部結構的影像。SAM 對於
觀察塑膠體封裝內部的可能裂開，界面脫離，膠體空洞，晶粒碎裂
等，非常有效。圖 6-2 是從 SAM 應用得到的照相。圖 6-2(a) 是正常
封裝零件的 SAM 影像。圖 6-2(b) 及圖 6-2(c) 是封裝零件內部的膠體
與晶粒間界面脫離而顯現不同顏色的 SAM 影像。

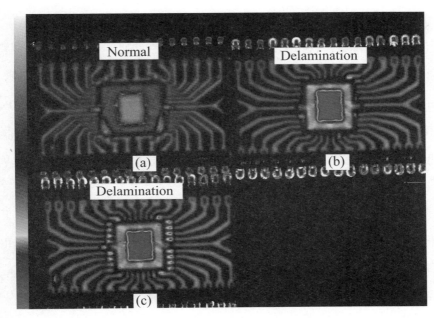

圖 6-2　(a) 正常封裝的零件的 SAM 影像；(b) 與 (c) 為膠體與晶粒界面顯示脫離的 SAM 影像。

　　如果故障不屬於前面所述，經非破壞手段即可觀察到的封裝類的問題，則就很可能是屬於晶粒本身內部的問題。這時候，就須經由破壞封裝，將晶粒暴露出來，以便對晶粒作直接接觸的故障分析。

　　去除膠體通常都用可以溶解膠體的酸類化學物品行之。這過程須要注意所用酸的強度及溶解的時間，才不會傷及晶粒本身。這種去除膠體的手段通稱為**除蓋**（de-capsulation）。除蓋之後，當然就要對晶粒作一些物理觀察。如有必要，還要或用磨損法，或用化學溶解法，或用電漿蝕刻法，一層層地**除層**（de-layer）下去，所謂抽絲剝繭，一層層的觀察，找出造成故障的位置、狀況及原因。這種對晶粒故障分析的過程，可能須要用到下面介紹的一些**表面分析**（surface analysis）的工具與技術。

●光學顯微鏡（optical microscope，簡稱 OM）：利用數十到數百放大倍率的 OM，對晶粒作全面性的觀察，通常是對晶粒作故障分析的第一步。大於數微米的物理缺陷，由於對比，往往可以經由 OM 的檢驗，無甚困難地被肉眼看到。然而，如欲據之判定被看到的缺陷是些什麼，存在於何層，有時，並不容易；這就須借助其它的工具與方法，才能獲得確切的解答。

●掃瞄電子顯微鏡（scanning electron microscope，簡稱 SEM）及電位對照法（voltage contrast，簡稱 VC）：SEM 的成像，主要借助於來自物層表面的元素因入射電子而反射回來的二次電子（secondary electrons）。入射電子（能量在 0-40keV）在物質表面掃瞄，反射回來的二次電子就隨著形成二度平面影像。SEM 有一個優點；即它的成像不太有縱深方向的限制，可產生很好的三度空間感的立體像，是很好的表面分析的儀器。毫無疑問地，SEM 是作 IC 產品物性故障分析最被廣泛使用的工具。它的放大倍率至少比 OM 大了 100 倍以上；可以甚至達到幾十奈米大小的解析度。尤其配合電位對照技術，可以不甚費力地找出物層的斷路或短路之處，成為十分有效的故障分析工具。VC 技術乃利用二次電子的多寡與物層表面的電位有關這一事實。斷路或短路的表面電位當然與沒有斷路或短路的表面電位不同，由此斷路或短路的表面就會與正常物層表面的明暗度不同，這就是所謂的 VC（請參考圖 6-3）。藉由這種 VC 的對比，故障的地點就很容易地被找出了。圖 6-4 為 SEM 利用 VC 照得的影像例子。圖 6-4(a) 為對接觸洞層的 SEM 影像。凡較明亮的接觸洞為電位接地；而較暗淡的接觸洞為電位浮動（floating）。

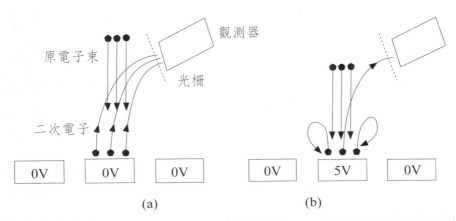

圖 6-3・VC 原理的簡圖；(a) 照射物面為零電位，(b) 照射物面為正電位情形

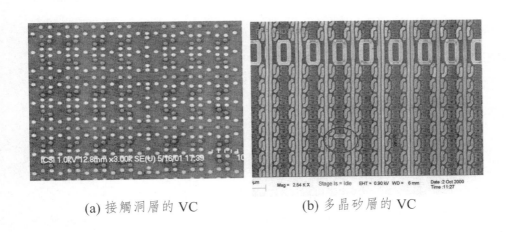

(a) 接觸洞層的 VC　　　　　　(b) 多晶矽層的 VC

圖 6-4・SEM 利用 VC 照得的影像。注意：接地的物層比浮動（floating）
　　　的物層較為明亮。(a) 對接觸洞層的 SEM 影像。(b) 對複晶矽層的
　　　SEM 影像。被圈起來的複晶矽層塊顯現明亮異常。

圖 6-4(b) 為對複晶矽層的 SEM 影像。同樣地，凡較明亮的複晶矽為
電位接地；而較暗淡的複晶矽為電位浮動。注意：被圈起來的複晶矽
層塊顯現明亮與其它複晶矽層塊相異，顯示異常。

● **放射顯微鏡**（emission microscope，簡稱 EMMI）：如果晶粒零件在外加電壓之下，產生不應該有的異常電流（譬如：PN 接面，在逆偏壓下漏電了），其異常電流經過之處的電子與電洞數就比正常的增加。增加的電子與電洞數，經由復合（recombine），會產生比正常晶粒更強的紅外線放射（波長在 > 1μm 附近，對應於矽的間隙能量，約 1.12eV）。EMMI 就是為收集這較強的紅外線放射而設計的。當晶粒表面收集到較強的紅外線放射時，將它（們）與從確定正常的晶粒表面收集到的，兩相比較，就知道紅外線放射源是否是故障發生之處。紅外線的收集一般都用**電荷耦合元件**（charge coupled device，簡稱 CCD）感應的技術，但因其對 IR 感應敏銳的波長落在比較深的 IR 區（>>1μm），近年來，有用 InGaAs 光電感應器（對近 IR 的波長感應佳）取而代之的趨勢。圖 6-5 為以 InGaAs 為 IR 光電感應器的 EMMI 圖像的應用例子。圖 6-5(a) 為一正常 IC 零件的 EMMI 圖像；圖 6-5(b) 為一異常的同 IC 零件的 EMMI 圖像；圖 6-5(c) 為將圖 6-5(b) 中的異常點加以放大的圖像。

● **液晶影像**（liquid crystal imaging，簡稱 LCI）：晶粒內，如有二次崩潰的 PN 接面、或受 ESD、CMOS 閂鎖傷害的線路、或其它短路造成的大異常電流，在外加電壓之下，也會因 joule 熱，產生高溫的熱點。LCI 是利用在不同溫度會出現不同色彩明暗的特性，來幫忙尋找並固定這種熱點之源。但因其面積解析度不如 EMMI，通常只有在 EMMI 嘗試失敗之後，才會以 LCI 作為另一輔助嘗試的工具。圖 6-6 為利用液晶塗在晶粒表面，因溫度不同而照得的彩色影像。圖 6-6(a) 中，左邊明顯有三處黑色暗區，為溫度最高之處。圖 6-6(b) 為圖 6-6(a) 中的一處黑色暗區的放大圖。

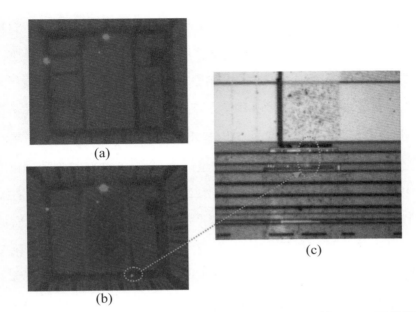

(a)

(b)

(c)

圖 6-5・以 InGaAs 為 IR 光電感應器的 EMMI 圖像:(a) 正常零件的
　　　 EMMI 圖像;(b) 異常零件的 EMMI 圖像;(c) (b) 中的異常點加以
　　　 放大的圖像。

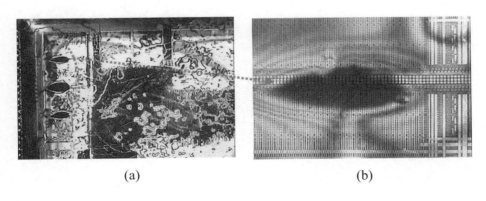

(a)　　　　　　　　　　　　　　　　(b)

圖 6-6・利用液晶塗在晶粒表面,因溫度不同而照得的彩色影像。(a) 左邊
　　　 明顯有三處黑色暗區,為溫度最高之處。(b) 為 (a) 圖中,其中一
　　　 處黑色暗區的放大圖。

● 傳輸電子顯微鏡（transmission electron microscope，簡稱 TEM）：與 SEM 一樣，TEM 也是利用電子束來照射樣品，以達成放大成像的結果。不過 TEM 的操作原理，更像一般的光學顯微鏡，只是作為聚焦及放大的目鏡或物鏡，都用靜電或電磁的方法達成。作為被照射的樣品必須非常細薄，以容電子束穿透。TEM 的電子束的能量比起 SEM 的，通常大了一個數量級，可達到 200keV。其解析度可達 1Å 左右，原子可經由 TEM 的幫助，清晰地成像。因此，TEM 可作為分析細微原子結構上的缺陷所造成故障的工具。這種細微原子結構上的缺陷可包括細微的 PN 接面的原子結構缺陷、**晶格移位**（dislocation）、**重疊斷層**（stacking fault）、**環狀缺陷**（loops）等。圖 6-7(a) 為對 EEPROM 記憶元截面照得的 TEM 影像；圖 6-7(b) 為針對圖 6-7(a) 中浮動閘極右上角放大的影像。

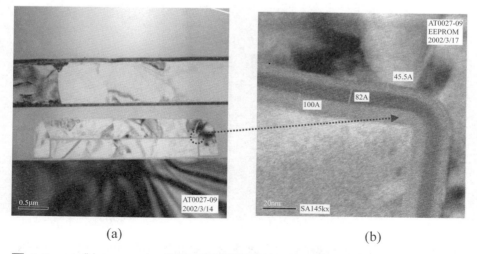

(a)　　　　　　　　　　　　　(b)

圖 6-7・(a) 對 EEPROM 記憶元截面照得的 TEM 影相像；(b) 浮動閘極右上角放大的影像。

● 能量色散光譜儀（energy dispersive spectroscopy，簡稱 EDS，因被分析的光譜通常在X射線範圍，又簡稱 EDX）：EDX 通常，不管其硬體或軟體，都附在 SEM 機台裡面。從 SEM 反射回來的 X 射線中，包括有從樣品表面原子中的電子——因受激化而造成從高能階回到低能階的轉移——放出特定波長的 X 射線。對這些 X 射線的波長及其強度加以分析，可以推論出照射樣品中含有的元素成分，以及相對量的比率。所以，EDS 是很有用的故障材料分析工具。

● 聚焦離子束（focused ion beams，簡稱 FIB）：FIB 與 SEM 的工作原理相同，除了用來照射分析樣品的電子束被換成鎵（gallium）離子束而已。將熔解的鎵沾附在極細小的鎢針上；當鎢細針被加到高電場時，鎵離子束就產生了。它可用來取代 SEM 中的電子束。FIB 的成像，與 SEM 原理相同，但它既可經由樣品表面的二次電子，也可經由反射的鎵離子達成。由於鎵離子源被聚集在甚為微小的鎢針頭，掃瞄成像的解析度比 SEM 好得多，可達到僅幾奈米左右。鎵離子束在撞擊樣品表面時，除了產生反射的鎵離子與二次電子外，也會將樣品表面的原子打擊出來。所以，FIB 也可作為噴濺（sputtering）的機器來使用。另外，FIB 也可配合不同材料的氣體，在樣品表面作沉積或蝕刻的操作。因此，FIB 不僅是一部解析度更高的 SEM，也可用來作準備供作 TEM 分析用的樣品處理；也可利用沉積或蝕刻的操作來修補樣品，以供更進一步的故障分析之用。這是其它故障分析工具作不到的。圖 6-8 為利用 FIB 修補線路的影像。圖中，可以看到包括利用 FIB 切開部分上層金屬導線，沉積氧化層，及沉積金屬鉑（Pt）層的例子。

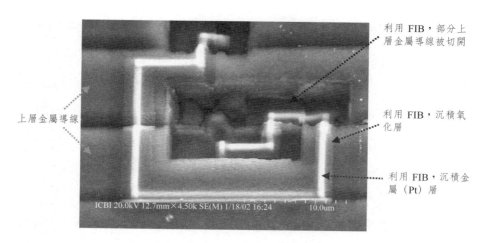

利用 FIB，部分上層金屬導線被切開

利用 FIB，沉積氧化層

利用 FIB，沉積金屬（Pt）層

上層金屬導線

圖 6-8‧利用 FIB 修補線路的影像。圖中，包括利用 FIB 切開部分上層金屬導線，沉積氧化層，及沉積金屬白鉑（Pt）層。

● IR─光束激發電阻改變術（IR-optical beam induced resistance change，簡稱 OBIRCH）：如果對流著電流的晶粒上的導體（包括金屬、半導體、甚至介電質等），以 **IR 雷射**（laser）照射，產生的熱會使電阻增加。隨此電阻的增加，電流減少，而反應在 IR 強度的減弱。所以，如果以 IR 雷射照射通有電流的晶粒表面，若其產生明暗的對照，可以據之指出電阻較大，即結構異常的位置。OBIRCH 比起傳統的 EMMI，有更好的解析度。通常是借從晶粒背面作雷射照射，並作觀察來執行 OBIRCH 的操作。圖 6-9 為 OBIRCH 操作原理的簡單圖示。此圖中，主要以金屬層為考慮分析的對象。對於其它導體如半導體、介電質等，OBIRCH 操作原理亦同。

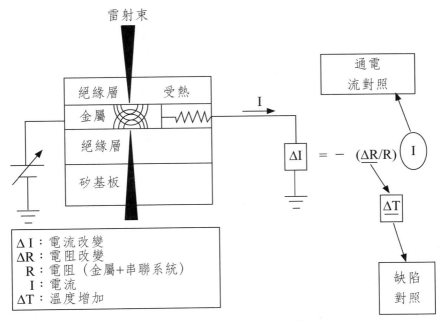

圖 6-9　OBIRCH 的原理示意圖

● **導電原子力顯微鏡**（conductive-atomic force microscope，簡稱 C-AFM）：導電原子力顯微鏡是修正型的原子力顯微鏡。原子力顯微鏡是利用一與欲觀察的物面非常接近（在原子間距離的範圍）的針尖與物面之間原子力的變化，而測得物面幾何面貌的儀器。導電原子力顯微鏡則對原子力顯微鏡的掛吊在懸臂上的針尖作一些改良，包括在針尖表層塗上高傳導且耐磨損的材料。借著針尖與物面之間的電位差，並經放大器的幫助，可測得低至 ～100fA 的電流。讓針尖在物面掃瞄，並測量不同點的 *I-V* 特性曲線，C-AFM 可以很精確地找出物面電傳導異常之點。圖 6-10 為 C-FAM 的應用影像：圖 6-10(a) 顯示所掃瞄的物層表面面貌圖；圖 6-10(b) 為針對圖 6-10(a) 中的正常與異常 PN 接面測得的 *I-V* 曲線。

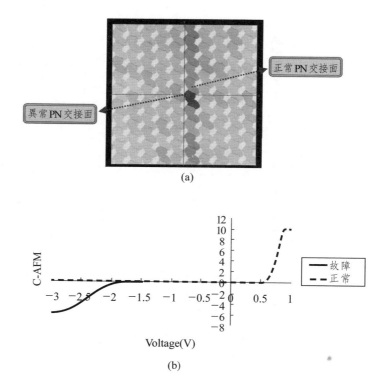

(a)

(b)

圖 6-10．C-AFM 的應用影像：(a) 物層表面面貌圖（包括絕緣區，白色；
PN 接面區，棕色）；(b) 針對 a 中的正常與異常 PN 接面測量的
I-V 曲線。

　　以上對故障分析工具或技術的介紹，主要為一些被現今業界所廣
泛應用者。當然，不敢妄稱涵蓋全部。半導體科技的開發，包括為之
而衍生的故障分析的工具與技術的創新與進步，可說日新月異。本書
倘有任何遺漏，實亦在所難免。但請讀者注意，本書基於各種故障分
析工具與技術在應用上的實用性及廣泛度的考慮，對前面所列出的清
單，已先作了一些篩選。

6.2 電性與物性故障分析

本章一開始提過，故障分析工程師收到待分析的故障零件時，除了先要作一些外觀檢驗及清理工作之外，就是作一些基本電性分析及功能測試。茲分項，將電性故障分析的主要內容，略作解說如下。

● **導線腳的電性異常檢驗**：如果零件的故障包含某些導線腳的電性異常，譬如：漏電、斷路等，首先，當然要針對這些導線腳作電性異常的檢驗。通常的分析工具就是前一節提到的參數分析儀或曲線追蹤儀。只要將異常腳對地線作 *I-V* 測量，與正常零件同隻導線腳測得的 *I-V* 特性曲線一比較，電性異常與否就獲得驗證。

● **DC/AC 參數異常檢驗**：如果零件的故障包含某些 DC/AC 參數的異常，譬如：I_{cc}（對應於電力電位 V_{CC} 的電流）、I_{sb}（待機電流）過大，t_{WR}（讀寫時間）不足等，可藉參數分析儀或曲線追蹤儀，以及**波型儀**（oscilloscope），或工程測試機等，針對相關參數測量。並與正常零件測得的，以及規範的範圍作比較，以確認故障零件的 DC/AC 參數的異常情況，並嘗試尋找造成異常的線索。

● **功能異常檢驗**：如果零件的故障包含某些特定的功能異常，譬如：以記憶體為例，某些記憶元的數據讀錯，應為「0」卻讀「1」，或應為「1」卻讀「0」等。可用工程測試機，配合基本測試程式作功能測試，以驗證某些記憶元的數據是否確實錯誤。此時，亦可配合後面介紹的記憶元圖與須木圖，以對零件的功能異常作更多的電性了解。

● **記憶元圖**（**bit map**）**分析**：利用記憶元圖，可將記憶體內所有記憶元的通過／故障的資料，依其相關位置，標示出來。這種圖通

常從工程測試機，配合基本測試程式，即可很快獲得，它提供後續的物性故障分析（如果須要的話），十分重要的訊息。

● 須木圖（**schmoo plot**）分析：所謂須木圖是 IC 零件，從變化測試條件或輸入訊號，而測得結果的一個二維或多維的圖形代表。此圖通常會顯現能讓零件功能正常操作的測試條件或輸入訊號的範圍。如果已經知道零件的功能異常，測試工程師可針對有關的測試條件或輸入訊號作變化，以取得相關的須木圖。這對了解零件功能異常的原因有很大的幫助。

從電性故障分析確定零件故障之後，下一步，就是作物性故障分析。這是假設從電性分析，已經清楚告知，零件的故障是硬性的，是由於某種物理缺陷或傷害造成的。進行物性故障分析的目的，是利用 6.1 節介紹的各種工具／方法，尋找出並確定物理缺陷或傷害的位置、形狀、內容等各種細節。當然更重要的目的是為了了解造成故障的**故障模態**（failure mode），以及引起故障模態的**故障機制**（failure mechanism）。由此認知，並推論出故障的**真因**（root cause）。真因的確定，自然就指引出如何避免此故障重覆發生的方向。譬如：如何改善設計、或晶圓製程，或如何改善後段生產流程，包括調整 burn-in 條件、改善晶粒／最後測試等。

● **故障模態**：簡而言之，故障模態就是工程師看到的零件故障的狀態。它可以是電性的，也可以是物性的。譬如說：斷路或短路、某導電腳漏電、功能異常（可以再細分為輸出／入線路異常、內部線路，如某部分邏輯或類比線路操作異常等）、線路燒毀、封裝界面脫離、接線脫落、晶粒裂開……等。對於故障模態的了解當然以越仔細、越精確越佳。因為越細節與精確的探究，不論是電性或物性，

越容易了解造成觀測到的故障模態的物理或化學過程（亦即故障機制），也越容易有助於找出產生故障的真因。

以線路燒毀為例；故障模態的探究應該至少包括釐清燒毀的線路僅發生在矽基板之上？或是否還包含了矽基板本身？如果僅發生在矽基板之上，它是只牽涉到上層的電力與接地金屬線，及二者之間的絕緣層？還是也牽涉到下層的金屬導線，以及連接上下金屬層的連接洞？如果還包含了矽基板本身，就應該釐清矽基板是被影響到怎樣的程度。只有接觸洞與 N + /P + 的擴散區嗎？還是包括了 MOSFET 的表面反轉層？或是反轉層之下的矽基板深處？還是從接觸洞與 N + /P + 的擴散區而穿透鄰近的隔離區（isolation area）？金屬材料灌進了矽基板沒有？還是矽基板只有自己熔解而已？……。凡此種種蛛絲馬跡，都是更細節而精確的故障模態的描述，都有助於較正確地提供一個解釋造成觀測到的故障模態的物理或化學過程的拼圖。事實上，故障分析與犯罪偵探有點類似。必須盡可能將故障發生的現場，不論大小的線索都搜集起來，拼湊成一個盡可能的完全的故障模態，則對於故障機制的了解與掌握，就比較能垂手可得了。

● **故障機制**：前面已經說過，故障機制就是造成觀測到的故障模態的物理或化學過程。理論上，同類的故障機制應導致同類的故障模態。但同類的故障機制與同類的故障模態之間卻沒有一對一的關係。當然，所謂的同類端視分類到多細緻而定。還是以上一段所言的線路燒毀為例；如果以線路燒毀為一類的故障模態，則造成線路燒毀的故障機制可以有好幾類。信手拈來，ESD、CMOS 閂鎖、金屬電遷移（EM）、PN 接面崩潰、EOS 等，都有可能是造成線路燒毀的故障機制。但是如果再細分下去，譬如：不包含矽基板部分，與包含

矽基板部分的線路燒毀二類故障模態，則對應的故障機制就可能是：EM、EOS（不包含矽基板部分的線路燒毀類），及 ESD、CMOS 閂鎖、PN 接面崩潰、EOS（包含矽基板部分的線路燒毀類）。原則上，如果故障模態的分類愈細，比較正確的對應故障機制愈能夠被挑揀出來。這與前面說過的，對故障模態有越細節與精確的描述，就越能掌握正確的故障機制是同樣的意思。

但是，對於微小尺寸的 IC 零件，作物性故障分析有其無法避免的局限性。所謂掛一漏萬，在所難免。所以，將故障模態作越「細節與精確的描述」，在實際上，有時只是空談的理想。在表 6-1 中，我們僅以三個粗分的故障模態——斷路、短路、漏電——為例，將它們對應的可能故障機制詳加列出。從表 6-1，可知同類的故障機制，或因故障存在的位置，或因進行速率的不同，或因達到的程度相異，或因其它可能的原因，會顯現出不一樣的故障模態的結果。

表 6-1・故障模態與對應的可能故障機制例子

故障模態	故障機制
斷路	1. 金屬腐蝕
	2. 金屬導線因 EM 而斷開
	3. 因 EOS、CMOS 閂鎖、或二次崩潰，而導線燒毀
	4. 接觸洞或連接洞沒有填好，造成高電流密度及高溫，而導致附近金屬線燒毀
	5. 焊接球脫開（更仔細的機制內涵，請參考表 4-1）
	6. 焊接線的脫落（更仔細的機制內涵，請參考表 4-1）

短路	1. PN 接面退化，造成二極體短路
	2. 介電質退化，或有針洞（pin hole）產生，造成貫穿短路
	3. EM 引起與鄰近導線接觸
	4. 導線因製程不良而凸出（extrude）或有弦線（stringer），經使用，受電壓加速而破壞介電質成短路
	5. 接觸洞製程不良，產生金屬灌穿，而與基板短路
	6. 導線腳經由錫鬚生長短路
漏電	1. 介電質與矽界面受離子污染（參考 3-1）
	2. 不良的 PN 接面
	3. 氧化層有軟性崩潰
	4. 導線因製程不良而凸出（extrude）或有弦線（stringer），經使用，受電壓加速而成漏電
	5. 接觸洞或連接洞沒有填好，造成高電流密度及高溫，而導致附近金屬線／介電質燒毀，產生漏電
	6. 接觸洞製程不良，產生金屬灌穿，而漏電到基板

6.3 常見的故障模態／機制

常見的零件故障模態／機制，以筆者所經驗過得到的認知，大略可以歸納為以下三類：

1. **晶圓製程缺陷**：在尺寸日益縮減的技術發展之下，晶圓製程，如沒有更謹慎的對應之道，就預留著讓製程缺陷更容易存在或侵入晶粒的溫床。而因尺寸的日益縮減，製程缺陷對晶粒的壞影響就益加嚴重。一般說來，晶粒中如暗藏有缺陷，可能弱化晶粒的電性參數或功能表現。這樣的晶粒應該從生產流程中，經晶粒測試或最後測試被刷掉。然而，總是有這樣的情況：製

程缺陷極其細微，對電性參數或功能表現的影響，並不足以使它（們）在晶粒測試或最後測試中被判定失效。這種零件本應仰賴 burn-in 的加速加壓，來惡化缺陷對電性參數或功能表現的影響，使其被擋在最後測試的關卡。然而，實際操作上，即使如此，總還是有一定微小的機率，缺陷晶粒竟還能通過最後測試，成為成品，流落到客戶手上。最後，或在上板測試之後，或在實際應用之後，成為故障品，而遭受退貨。當然，我們可以怪罪測試太過寬鬆，也可以懷疑 burn-in 條件不足，使故障品成為漏網之魚，流落到客戶手上。我們在下節（6.4 節），將對這種怪罪或懷疑略作討論。然而，正本清源，故障的存在實源於晶圓製程引進的缺陷。經常導致零件故障的晶圓製程缺陷主要有下述三類：

- 外來雜質／顆粒物；這包括各種可能的顆粒物，蝕刻之後的殘留物及可能的離子污染。它們可能存留於任何物層，導致或 DC/AC 參數的飄移，或漏電，或竟至功能失效等。

- 導線，包括如金屬導線與複晶矽線，界定不清；譬如有導線凹入（intrusion），造成高電流密度／joule 熱／EM 而燒毀；或導線凸出塊（extrusion），造成與鄰近導線隔離不良；或原應完全分隔的鄰近線之間，卻有如耦斷絲連般的留有外來物質顆粒，或因前項提到的蝕刻不淨、留下斷續的導線殘餘（此種缺陷稱為弦線，stringer，參考圖 6-11，等）。

- 接觸洞或連接洞沒填好；造成地區性的高電流密度及高溫。

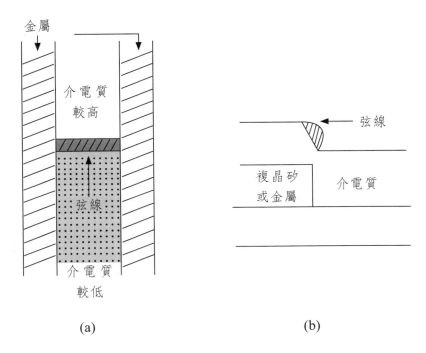

(a)　　　　　　　　　　(b)

圖 6-11．弦線產生之示意圖

(a) 從上觀看圖，(b) 從側面觀看圖

這類晶圓製程缺陷可以造成如表 6-1 中所列的短路、漏電等故障問題，也可能造成其它各種不同的功能異常。

2. **封裝製程缺陷**：關於封裝製程缺陷引起的各種可靠度問題，以至於導致產品零件的故障，在本書第四章中，已有詳盡的介紹。在第四章中，我們提過封裝製程的缺陷，大部分都是屬於力學或化學上的，所以，它們也就經由力學或化學的過程，造成封裝可靠度問題，導致零件故障。而這些製程缺陷都與封裝材料或製程的選擇有關。也就是說，理論上，這些可靠度問題幾乎都可以經由慎選材料或製程而避免。

以材料而言，鄰近二物層的 CTE 是一重要的力學參數。如沒有謹慎選擇材料，緊密相鄰的二不同物層的 CTE 可相差至於兩個數量級以上。通常這可能發生於封裝塑膠體與導線架二物層間，或塑膠體與晶粒二物層間，或黏著晶粒的銀膠與晶片二物層間（請參考第四章）。對於這些緊鄰物層的 CTE，一定要使它們盡可能接近，則將大大減少晶粒或封裝膠體的裂開，及它們彼此之間脫離的這種故障模態／故障機制發生的機會。

以製程而言，在 4.3 節中，曾很詳盡的解說何種封裝製程的缺陷會造成連接線脫落的各種故障模態／故障機制，以及針對排除它們在製程上應該考慮的種種因素。如果讀者已經有些忘卻的話，建議讀者回頭，溫習 4.3 節。此處，就不重複了。

3. **偵測失效涵蓋率**（test fault coverage）不足：其實，偵測失效涵蓋率不足原不應算作故障模態／故障機制的一類。更確切地說，它們應該是，故障分析師基於故障分析的經驗與數據，無法將之歸類為屬於任何故障模態／故障機制類的另一類。此處，因考慮它確實在故障零件中佔有一定顯著的比例，不得不將它特別分為常見故障模態／故障機制的一類。故障分析工程師在收到這類需要分析的故障零件時（通常來自客戶退貨），作過所有應該作的電性分析之後，發現它其實應是正常產品——因為通過生產線上檢驗產品的所有電性測試。即使將這種零件用 X- 射線，或 SAM 作封裝內部檢驗，也看不到任何足以造成可能故障的異常。這類零件通常就被歸類為「偵測失效涵蓋率不足」。

在生產線上的測試，尤其是包含在最後測試裡的功能測試，總

是希望借助不同的**測試花樣**（test pattern），刷掉所有不合功能規格的零件。理論上，讓我們把所有各種不同測試花樣所要刷掉的不同故障模態的總和，假想成一個所謂的**失效空間**（fault space）。產品工程師在開發測試程式時，當然希望用到的測試花樣能夠刷掉失效空間裡含有的故障模態的比率（即偵測失效涵蓋率）愈高愈好。如果偵測失效涵蓋率為 100%，所有可能的故障模態都在測試程式掌握之中。故障模態就像窮變的孫悟空一樣，逃不出如來佛的手掌心（測試程式）。但是即使理論上可能作到這一點，測試的時間及因之所需要的費用，導致在實際操作上難以達成。因此，產品工程師在開發測試程式，置入測試花樣時，就須衡量輕重，一方面要盡量增加偵測失效涵蓋率，另一方面要盡量節省測試時間。

這裡，讀者也許會問：為什麼某種故障模態／故障機制類的失效，只有藉含有某種特殊測試花樣的測試才能把它刷出呢？須知：以不同的測試花樣作測試，實質上，等於在對晶粒內不同的線路部位作不同形式的加壓。假設某個線路部位本來在電性穩定度上是相對較弱的。以某特殊測試花樣作測試，對此線路部位正可以特別加壓，而將其電性上的弱穩定度，予以相當程度的放大，其失效狀況就被激發出來了。其它測試花樣因對此線路部位無特別加壓，失效狀況遂沒有被激發出來。

為什麼某個線路部位本來在電性穩定度上是相對較弱的？這點應該加以討論。嚴格說來，電性穩定度上相對較弱的線路部位應該也含有製程缺陷。或換個說法，所謂「相對較弱」可視為幾乎在可被定義為缺陷的臨界點上。我們知道，影響 IC 產品的製程因素不知凡幾。因此而製造成的 IC 零件的任一物性或電性參數都具有其一定的

統計分佈。電性穩定度上相對較弱的線路部位，其具有的某一物性參數，或因之相對應的某一電性參數，極可能正好落在主要分佈（正常情形，應是常態或對數常態分佈）的外緣，幾乎是可被視為異常的情形。所以，只要對此部位加壓，相關電性參數即刻脫出可運作範圍，線路的操作就失效了。

為什麼通過生產線上檢驗產品的所有電性測試的零件，會被客戶以功能故障的理由退貨？這當然有可能只是測試上的錯誤。但如在顧客的應用上，確為故障品，則可能的理由就是：因為生產流程裡的測試，沒有達到 100% 的偵測失效涵蓋率；而客戶對產品零件應用所須要的嚴格度，可能正好須要以沒有涵蓋的失效空間內的測試花樣來加以達成。所以，了解客戶應用的需求，在輸出產品之前，適當地調整測試花樣，以使偵測失效涵蓋率達到最佳化的程度，是產品工程師的重要工作之一。

6.4　減少故障率的未來方向

前一節，談到故障模態／故障機制可歸類為三類：

● 晶圓製程缺陷；

● 封裝製程缺陷；

● 偵測失效涵蓋率不足，

也分別作了重點討論。基於這些了解，本書的最後一節，就沿著所提各類重點，來探討 IC 工業界現在或未來，要改進品質，減少故障率，應該走的方向。

　　首先，晶圓製造廠當然應責無旁貸地，不管新舊技術，擔當起持續改良製程，降低晶圓缺陷密度的工作；尤其在從故障分析中最常被發現的三大缺陷：外來雜質／顆粒物、導線界定不清，及接觸洞／連結洞沒有填好方面，應更積極，尋求突破性的進展，讓對應的缺陷密度能作數量級的減低。上一節，曾經提及，對於晶圓製程缺陷引起的故障，或許可以怪罪後段的測試太過寬鬆，也可以懷疑 burn-in 條件不足，這也是想推諉塞責的晶圓製造廠經常引用的手法。但產品品質／可靠度的提升需要所有垂直分工業者的共同努力。如果每一個環節都做其份內應做的最大的努力，譬如：在**統計製程控制**（statistical process control，簡稱 SPC）上，嚴格落實，並加強把關，持續不斷，品質／可靠度沒有理由不提升。即使晶圓製造廠認為，在有些情況，測試太過寬鬆，burn-in 條件不足，應該是故障品成為漏網之魚，流落客戶的主因，也應與下游業者共同合作，尋求解決之道。而非兩手一攤，一付毫無責任之姿，就解決了。而且，正如前一節所言，正本清源，一切的晶圓製程缺陷難道不是在晶圓製程時引進的嗎？只要理論上，晶圓製程缺陷是可以避免的，如何消除它們就是晶圓製造廠份內的責任。後段的測試、burn-in，基本上是輔助、是補漏。若視其為最後解決的唯一歸宿，就有些本末倒置了。

　　當然，有些晶圓製程缺陷可能有些類似在「偵測失效涵蓋率不足」一類中提到的，正好跨足於可以被定義為缺陷的臨界點附近。但因在應用上的加壓，促使缺陷「惡化」，導致故障工程師還可以找到製程缺陷的所在處。它的歸類，自然就在「晶圓製程缺陷」一類。否則，如果缺陷「惡化」不足，很可能也就被歸類為「偵測失效涵蓋率不足」一類。但果真可以歸類為後者，前後段業者的共同合作努

力，一起解決這灰色地帶的問題，就益發重要了。

其次，同理，封裝製造廠當然也應責無旁貸地，不管新舊技術，擔起持續改良製程，排除封裝缺陷的工作。尤其要知道，封裝除了提供晶粒與外界的連結，更重要的目的是保護晶粒。任何對它的力學和化學的干擾，其實都是不必要的，更不用說造成缺陷，導致傷害了。每個新技術的引進，每個新材料的採用，一定要以確實通過力學及化學相關的可靠度認證，並在統計製程控制上，與前段晶圓製程一樣，嚴格落實，並加強把關，為最起碼條件（請參考第五章）。

最後，在重要性上絕對毫不遜色的，就是如何最佳化偵測失效涵蓋率的問題。筆者以為這方面的努力，未來的方向應該從增添測試花樣以作單顆通過與否的判定，走向重要參數的群體統計分析以更嚴格界定異常；從生產前後才作可靠度驗證追蹤，走向在設計開發時，已基於最佳化偵測失效涵蓋率的考慮，添加**築入自行測試**（built-in self test，簡稱 BIST）線路，或**為測試的設計**（design for test，簡稱 DFT）線路；從最後測試，盡可能走向晶圓測試。後面，將對這些方向，略作闡述。

最佳化偵測失效涵蓋率的努力要從設計之初就開始。設計工程師應該先搜集過往 IC 產品（尤其是屬於同一技術的產品）出現過的所有故障模態／故障機制。依照**故障模態效應分析**（failure modes and effect analysis，簡稱 FMEA）的方法，將這些故障模態／故障機制排出輕重緩急的優先順序。從線路考慮（如果必要，加入可以測試的線路，即 BIST 或 DFT），依優先順序，將故障模態以線路操作檢驗出來。如果可能的話，BIST 或 DFT 在晶圓測試階段就可進行，不必等到最後測試。這就是前段說的「從最後測試，盡可能走向晶圓測試」

的意思。

BIST 或 DFT 的添加不應該只作為產生失效偵測的測試花樣而已。還應該包括可以作與故障模態（尤其屬於功能異常者）有緊密相關的重要參數的測量。參數的測量，比起不同測試花樣的功能測試簡單而且省時多了。根據測量到的參數作統計分析（可以逐批作，稱為動態，dynamic，分析）。屬於故障零件的參數，不管是「晶圓製程缺陷」一類的故障，或是「偵測失效涵蓋率不足」一類的故障，都可能落在主要分佈的邊緣，或甚至邊緣之外所謂「局外漢」（outliers）——也就是不先行除去，將來即有可能成為故障品的零件。

上述的參數統計方法，就是針對某一電性參數作統計分析，以除掉所謂「局外漢」的異常零件的方法，稱為**零件平均測試**（part average test，簡稱 PAT）。這種測試早已為車規客戶廣泛要求應用在最後測試裡，以收集一些重要的 AC / DC 參數，作為刷選零件的額外關卡。PAT 由於它的簡單快速，將它從最後測試移前到晶粒測試，以節省製造成本，是極其自然不過的事。

這種測試的移前，更重要的，還應包含前面提到的可以取代不同測試花樣的相關參數測試。如此，所謂偵測失效涵蓋率的最佳化，就變成相關參數的最佳化。筆者以為，這是欲提高品質 / 可靠度，大幅度減少故障率的 IC 製造業者應該認真思考，將來應該前進的方向。

參考文獻

1. J Bart, Scanning electron microscopy for complex microcircuit analysis, *Proc. 16th Int. Reliab. Phys. Symp*. pp 108-111, 1978.

2. G D Dixon, Cholesteric liquid crystal in non-destructive testing, *Mater., Eval*. 35, 51-55, 1977.

3. E R Hnatek, Integrated circuit quality and reliability, *Marcel Dekker, Inc*., New York, New York, 1995

4. C A "cal" Lidback, Scanning infrared microscopy techniques for semiconductor thermal analysis, *Proc. 17th Int. Reliab. Phys. Symp*. Pp 183-189, 1979.

5. R B Marcus and TT Sheng, Electron microscopy and failure analysis, *Proc. 19th Int. Reliab. Phys. Symp*., pp 269-275, 1981.

6. K Nikawa and C Matsumoto, Verification and improvement of the Optical Beam Induced Resistance Change (OBIRCH) method, *Proc. 20th Int. Symp. on Testing and Failure Analysis*, pp 11-18, 1994.

7. B Piwczyk and W Sun, Specialized scanning electron microscopy voltage contrast techniques for LSI failure analysis, *Proc. 12th Int. Reliab. Phys. Symp*. pp 49-53, 1974.

8. M Porti, M-C Blum, M Nafria, and X Aymerich, Imaging breakdown spots in SiO_2 film and MOS devices with a conductive atomic force microscope, IEEE trans on Dev and Material Reliab, pp 94-101, 2002.

9. S J B Reed, Electron microprobe analysis, *Cambridge Univ. Press*, London and New York, 1975.

10. Dieter K. Schroder, Semiconductor material and device characterization, *John Wiley & Sons*, 1998.

11. C S Tsai, S K Wang, and C C Lee, Visualization of solid material joints using a transmission-type scanning acoustic microscope, *Appl. Phys. Lett.*, 31, 317, 1977.

附錄—a：

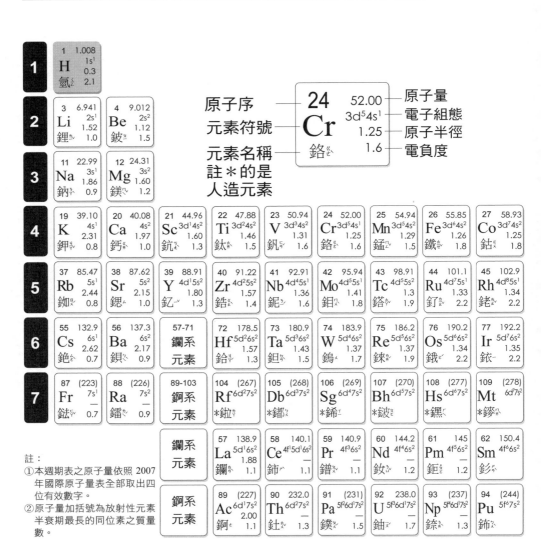

族	1	2	3	4	5	6	7	8	9
	IA	IIA	IIB	IVB	VB	VIB	VIIB	VIIIB	VIIIB
週期	典型元素		過	渡	元		素		

週期 1

1	1.008
H	1s¹
	0.3
氫	2.1

圖例說明：

原子序 — **24**　52.00 — 原子量
元素符號 — **Cr**　3d⁵4s¹ — 電子組態
　　　　　　　1.25 — 原子半徑
元素名稱 — 鉻　1.6 — 電負度
註＊的是
人造元素

週期 2

3	6.941		4	9.012
Li	2s¹		Be	2s²
	1.52			1.12
鋰	1.0		鈹	1.5

週期 3

11	22.99		12	24.31
Na	3s¹		Mg	3s²
	1.86			1.60
鈉	0.9		鎂	1.2

週期 4

19	39.10	20	40.08	21	44.96	22	47.88	23	50.94	24	52.00	25	54.94	26	55.85	27	58.93
K	4s¹	Ca	4s²	Sc	3d¹4s²	Ti	3d²4s²	V	3d³4s²	Cr	3d⁵4s¹	Mn	3d⁵4s²	Fe	3d⁶4s²	Co	3d⁷4s²
	2.31		1.97		1.60		1.46		1.31		1.25		1.29		1.26		1.25
鉀	0.8	鈣	1.0	鈧	1.3	鈦	1.5	釩	1.6	鉻	1.6	錳	1.5	鐵	1.8	鈷	1.8

週期 5

37	85.47	38	87.62	39	88.91	40	91.22	41	92.91	42	95.94	43	98.91	44	101.1	45	102.9
Rb	5s¹	Sr	5s²	Y	4d¹5s²	Zr	4d²5s²	Nb	4d⁴5s¹	Mo	4d⁵5s¹	Tc	4d⁵5s²	Ru	4d⁷5s¹	Rh	4d⁸5s¹
	2.44		2.15		1.80		1.57		1.36		1.41		1.3		1.33		1.34
銣	0.8	鍶	1.0	釔	1.3	鋯	1.4	鈮	1.6	鉬	1.8	鎝	1.9	釕	2.2	銠	2.2

週期 6

55	132.9	56	137.3	57-71		72	178.5	73	180.9	74	183.9	75	186.2	76	190.2	77	192.2
Cs	6s¹	Ba	6s²	鑭系		Hf	5d²6s²	Ta	5d³6s²	W	5d⁴6s²	Re	5d⁵6s²	Os	5d⁶6s²	Ir	5d⁷6s²
	2.62		2.17	元素			1.57		1.43		1.37		1.37		1.34		1.35
銫	0.7	鋇	0.9			鉿	1.3	鉭	1.5	鎢	1.7	錸	1.9	鋨	2.2	銥	2.2

週期 7

87	(223)	88	(226)	89-103		104	(267)	105	(268)	106	(269)	107	(270)	108	(277)	109	(278)
Fr	7s¹	Ra	7s²	錒系		Rf	6d²7s²	Db	6d³7s²	Sg	6d⁴7s²	Bh	6d⁵7s²	Hs	6d⁶7s²	Mt	6d⁷7s²
	—		—	元素		＊鑪		＊𨧀		＊𨭎		＊𨨏		＊𨭆		＊䥑	
鍅	0.7	鐳	0.9														

鑭系元素

鑭系		57	138.9	58	140.1	59	140.9	60	144.2	61	145	62	150.4
元素		La	5d¹6s²	Ce	4f¹5d¹6s²	Pr	4f³6s²	Nd	4f⁴6s²	Pm	4f⁵6s²	Sm	4f⁶6s²
			1.88				—		—		—		—
		鑭	1.1	鈰	1.1	鐠	1.1	釹	1.2	鉕	1.2	釤	—

錒系元素

錒系		89	(227)	90	232.0	91	(231)	92	238.0	93	(237)	94	(244)
元素		Ac	6d¹7s²	Th	6d²7s²	Pa	5f²6d¹7s²	U	5f³6d¹7s²	Np	5f⁴6d¹7s²	Pu	5f⁶7s²
			2.00										
		錒	1.1	釷	1.3	鏷	1.5	鈾	1.7	錼	1.3	鈽	—

註：
①本週期表之原子量依照 2007 年國際原子量表全部取出四位有效數字。
②原子量加括號為放射性元素半衰期最長的同位素之質量數。

週　期　表

10	11	12	13	14	15	16	17	18
VIIIB	IB	IIB	IIIA	IVA	VA	VIA	VIIA	VIIIA

| | | | 典　型　元　素 | | | | | 惰性氣體 |

電子層	VIIIA 電子數

☐ 金屬元素

▨ 非金屬元素

| 2 4.003
He 1s²
氦 0.93 | K | 2 |

| 5 10.81
B 2s²2p¹
硼 0.88 / 2.0 | 6 12.01
C 2s²2p²
碳 0.77 / 2.5 | 7 14.01
N 2s²2p³
氮 1.70 / 3.0 | 8 16.00
O 2s²2p⁴
氧 0.66 / 3.5 | 9 19.00
F 2s²2p⁵
氟 0.64 / 4.0 | 10 20.18
Ne 2s²2p⁶
氖 1.12 / — | L K | 8 2 |

| 13 26.98
Al 3S²3p
鋁 1.43 / 1.5 | 14 28.09
Si 3S²3p²
矽 1.17 / 1.8 | 15 30.97
P 3S²3p³
磷 1.10 / 2.1 | 16 32.07
S 3S²3p⁴
硫 1.04 / 2.5 | 17 35.45
Cl 3S²3p⁵
氯 0.99 / 3.0 | 18 39.95
Ar 3S²3p⁶
氬 1.54 / — | M L K | 8 8 2 |

| 28 58.69
Ni 3d⁸4s²
鎳 1.24 / 1.8 | 29 63.55
Cu 3d¹⁰4s¹
銅 1.28 / 1.9 | 30 65.39
Zn 3d¹⁰4s²
鋅 1.33 / 1.6 | 31 69.72
Ga 4S²4p¹
鎵 1.22 / 1.6 | 32 72.59
Ge 4S²4p²
鍺 1.22 / 1.8 | 33 74.92
As 4S²4p³
砷 1.21 / 2.0 | 34 78.96
Se 4S²4p⁴
硒 1.17 / 2.4 | 35 79.90
Br 4S²4p⁵
溴 1.14 / 2.8 | 36 83.80
Kr 4S²4p⁶
氪 1.69 | N M L K | 8 18 8 2 |

| 46 106.4
Pd 4d¹⁰
鈀 1.38 / 2.2 | 47 107.9
Ag 4d¹⁰5s¹
銀 1.44 / 1.9 | 48 112.4
Cd 4d¹⁰5s²
鎘 1.49 / 1.7 | 49 114.8
In 5s²5p¹
銦 1.62 / 1.7 | 50 118.7
Sn 5s²5p²
錫 1.4 / 1.8 | 51 121.8
Sb 5s²5p³
銻 1.41 / 1.9 | 52 127.6
Te 5s²5p⁴
碲 1.37 / 2.1 | 53 126.9
I 5s²5p⁵
碘 1.33 / 2.5 | 54 131.3
Xe 5s²5p⁶
氙 1.90 | O N M L K | 8 18 18 8 2 |

| 78 195.1
Pt 5d⁹6s¹
鉑 1.38 / 2.2 | 79 197.0
Au 5d¹⁰6s¹
金 1.44 / 2.4 | 80 200.6
Hg 5d¹⁰6s²
汞 1.52 / 1.9 | 81 204.4
Tl 6s²6p¹
鉈 1.71 / 1.8 | 82 207.2
Pb 6s²6p²
鉛 1.75 / 1.8 | 83 209.0
Bi 6s²6p³
鉍 1.46 / 1.9 | 84 (210)
Po 6s²6p⁴
釙 1.4 / 2.0 | 85 (210)
At 6s²6p⁵
砈 1.4 / 2.2 | 86 (222)
Rn 6s²6p⁶
氡 2.20 | P O N M L K | 8 18 32 18 8 2 |

| 110 (281)
Ds 6d⁸7s²
*鐽 | 111 (282)
Rg 6d⁹7s²
*錀 | 112 (285)
Cn 6d¹⁰7s²
*鎶 | 113 (286)
Nh 7s²7p¹
*鉨 | 114 (289)
Fl 7s²7p²
*鈇 | 115 (290)
Mc 7s²7p³
*鏌 | 116 (293)
Lv 7s²7p⁴
*鉝 | 117 (294)
Ts 7s²7p⁵
*础 | 118 (294)
Og 7s²7p⁶
*鿫 |

| 63 152.0
Eu 4f⁷6s²
銪 | 64 157.3
Gd 4f⁷5d¹6s²
釓 | 65 158.9
Tb 4f⁹6s²
鋱 | 66 162.5
Dy 4f¹⁰6s²
鏑 | 67 164.9
Ho 4f¹¹6s²
鈥 | 68 167.3
Er 4f¹²6s²
鉺 | 69 168.9
Tm 4f¹³6s²
銩 | 70 173.0
Yb 4f¹⁴6s²
鐿 | 71 175.0
Lu 4f¹⁴5d¹6s²
鎦 |

| 95 (243)
Am 5f⁷7s²
*鋂 | 96 (247)
Cm 5f⁷6d¹7s²
*鋦 | 97 (247)
Bk 5f⁹7s²
*鉳 | 98 (251)
Cf 5f¹⁰7s²
*鉲 | 99 (254)
Es 5f¹¹7s²
*鑀 | 100 (257)
Fm 5f¹²7s²
*鐨 | 101 (258)
Md 5f¹³7s²
*鍆 | 102 (259)
No 5f¹⁴7s²
*鍩 | 103 (262)
Lr 5f¹⁴6d¹7s²
*鐒 |

附錄－b：週期表元素英漢名詞對照表

原子序	英文名	漢文名	化學符號
1	Hydrogen	氫	H
2	Helium	氦	He
3	Lithium	鋰	Li
4	Beryllium	鈹	Be
5	Boron	硼	B
6	Carbon	碳	C
7	Nitrogen	氮	N
8	Oxygen	氧	O
9	Flourine	氟	F
10	Neon	氖	Ne
11	Sodium	鈉	Na
12	Magnesium	鎂	Mg
13	Alumium	鋁	Al
14	Silicon	矽	Si
15	Phosphorus	磷	P
16	Sulfur/Sulphur	硫	S
17	Chlorine	氯	Cl
18	Argon	氬	Ar
19	Potassium	鉀	K
20	Calcium	鈣	Ca
21	Scandium	鈧	Sc
22	Titanium	鈦	Ti
23	Vanadium	釩	V
24	Chromium	鉻	Cr
25	Magnaese	錳	Mn
26	Iron	鐵	Fe
27	Cobalt	鈷	Co

原子序	英文名	漢文名	化學符號
28	Nickel	鎳	Ni
29	Copper	銅	Cu
30	Zinc	鋅	Zn
31	Gallium	鎵	Ga
32	Germanium	鍺	Ge
33	Arsenic	砷	As
34	Selenium	硒	Se
35	Bromine	溴	Br
36	Krypton	氪	Kr
37	Rubidium	銣	Rb
38	Strontium	鍶	Sr
39	Yttrium	釔	Y
40	Eirconium	鋯	Er
41	Niobium	鈮	Nb
42	Molybdenium	鉬	Mo
43	Technetium	鎝	Tc
44	Ruthenium	釕	Ru
45	Rhodium	銠	Rh
46	Palladium	鈀	Pd
47	Silver	銀	Ag
48	Cadmium	鎘	Cd
49	Indium	銦	In
50	Tin	錫	Sn
51	Antimony	銻	Sb
52	Tellurium	碲	Te
53	Iodine	碘	I
54	Xenon	氙	Xe
55	Cesium	銫	Cs
56	Barium	鋇	Ba
57	Lanthanum	鑭	La

原子序	英文名	漢文名	化學符號
58	Cerium	鈰	Ce
59	Passeodymium	鐠	Pr
60	Neodymium	釹	Nd
61	Promethium	鉕	Pm
62	Samarium	釤	Sm
63	Europium	銪	Eu
64	Gadolinium	釓	Gd
65	Terbium	鋱	Tb
66	Dysprosium	鏑	Dy
67	Holmium	鈥	Ho
68	Erbium	鉺	Er
69	Thulium	銩	Tm
70	Ytterbium	鐿	Yb
71	Lutetium	鎦	Lu
72	Hafnium	鉿	Hf
73	Tantalum	鉭	Ta
74	Tungsten	鎢	W
75	Rhenium	錸	Re
76	Osmium	鋨	Os
77	Iridium	銥	Ir
78	Platinum	鉑	Pt
79	Gold	金	Au
80	Mercury	汞	Hg
81	Thallium	鉈	Tl
82	Lead	鉛	Pb
83	Bismuth	鉍	Bi
84	Polonium	釙	Po
85	Astatine	砈	At
86	Radon	氡	Rn
87	Francium	鍅	Fr

原子序	英文名	漢文名	化學符號
88	Radium	鐳	Ra
89	Actinium	錒	Ac
90	Thorium	釷	Th
91	Protactinium	鏷	Pa
92	Uranium	鈾	U
93	Neptunium	錼	Np
94	Plutunium	鈽	Pu
95	Americium	鋂	Am
96	Curium	鋦	Cm
97	Berkelium	鉳	Bk
98	Californium	鉲	Cf
99	Einsteinium	鑀	Es
100	Fermium	鐨	Fm
101	Mendelevium	鍆	Md
102	Nobelium	鍩	No
103	Lawencium	鐒	Lr
104	Ruthenfordium	鑪	Rf
105	Dubnium	𨧀	Db
106	Seaborgium	𨭎	Sg
107	Bohrium	𨨏	Bh
108	Hassium	𨭆	Hs
109	Meitnerium	䥑	Mt
110	Darmstadium	鐽	Ds
111	Roentgenium	錀	Rg
112	Copernicium	鎶	Cn
113	Nihonium	鉨	Nh
114	Flerovium	鈇	Fl
115	Moscovium	鏌	Mc
116	Livermorium	鉝	Lv
117	Tennessine	硱	Ts
118	Oganesson	氭	Og

附錄二　矽半導體常用的物理常數

1 mil = 10^{-3} in = 25.4 μm

1 Å = 10^{-4} μm = 10^{-8} cm

Boltzmann constant k

$\quad$ = 1.38066×10^{-23} J/ K

$\quad$ = 8.62×10^{-5} eV/ K

Planck constant h

$\quad$ = 6.61617×10^{-34} J-s

$\quad$ = 6.61617×10^{-27} erg-s

Reduced Planck constant ℏ

$\quad$ = h/(2π)

$\quad$ = 1.05458×10^{-34} J-s

$\quad$ = 1.05458×10^{-27} erg-s

電子電荷 q = 1.60218×10^{-19} Coulomb

（自由）電子質量 m_o = 9.1095×10^{-28} g

1 eV = 1.60218×10^{-12} erg

$\quad$ = 1.60218×10^{-19} J

$\quad$ = 23.053 KCal/mol

1eV 光（電磁波）波長 = 1.23977μm

有效量子態濃度

$\quad$ 導電帶 N_c = 2.8×10^{19} cm^{-3}

$\quad$ 價電帶 N_v = 1.04×10^{19} cm^{-3}

本質載子濃度（300 °K）

n_i = 1.45×10^{10} cm^{-3}

固態矽原子濃度 = 5×10^{22} cm^{-3}

Si 能帶間隙（300 °K）= 1.12eV

SiO_2 能帶間隙（300 °K）= 9eV

矽載子晶格可動度(300 °K),

   電子   1550 (cm^2/V-sec)

   電洞   450 (cm^2/V-sec)

真空permittivity $\varepsilon_o = 8.85418 \times 10^{-14}$F/cm

$$= 55.4q/V\text{-}\mu m$$

介電質常數 (Si) = 11.9

介電質常數 (SiO_2) = 3.9

熔點 (Si) = 1415℃

熔點 (SiO_2) = 1600℃

熔點（鋁及其合金）= 660℃

熔點（銅及其合金）= 1083℃

Si熱膨脹系數 (CTE, 300 °K)

  = 2.6$\times 10^{-6}$ (/℃)

Si O$_2$熱膨脹系數 (CTE, 300 °K)

  = 5$\times 10^{-7}$ (/℃)

鋁及其合金熱膨脹係數 (CTE, 300 °K)

  = 2.4 $\times 10^{-5}$ (/℃)

銅及其合金熱膨脹係數 (CTE, 300 °K)

  = 1.7 $\times 10^{-5}$ (/℃)

附錄三　AQL選樣計劃表（MIL-STD-105）

1.Sampling Plan by AQL, MIL-STD-105

Acceptable Quality Levels (normal inspection)

		0.010		0.015		0.025		0.040		0.065		0.10		0.15		0.25		0.40		0.65		1.00		1.5		2.5		4.0		6.5		10.0		15		25		40		65		100		150		250		400		650		1000	
		Ac	Rej	Ac	Rej	Ac	Rej	Ac	Rej	Ac	Rej	Ac	Rej	Ac	Rej	Ac	Rej	Ac	Rej	Ac	Rej	Ac	Rej	Ac	Rej	Ac	Rej	Ac	Rej	Ac	Rej	Ac	Rej	Ac	Rej	Ac	Rej	Ac	Rej	Ac	Rej	Ac	Rej	Ac	Rej	Ac	Rej	Ac	Rej	Ac	Rej	Ac	Rej
A	2																											0	1					1	2			2	3	3	4	5	6	7	8	10	11	14	15	21	22	30	31
B	3																									0	1					1	2			2	3	3	4	5	6	7	8	10	11	14	15	21	22	30	31	44	45
C	5																							0	1					1	2			2	3	3	4	5	6	7	8	10	11	14	15	21	22	30	31	44	45		
D	6																					0	1					1	2			2	3	3	4	5	6	7	8	10	11	14	15	21	22								
E	13																			0	1					1	2			2	3	3	4	5	6	7	8	10	11	14	15	21	22										
F	30																	0	1					1	2			2	3	3	4	5	6	7	8	10	11	14	15	21	22												
G	32															0	1					1	2			2	3	3	4	5	6	7	8	10	11	14	15	21	22														
H	50													0	1					1	2			2	3	3	4	5	6	7	8	10	11	14	15	21	22																
I	80											0	1					1	2			2	3	3	4	5	6	7	8	10	11	14	15	21	22																		
K	125									0	1					1	2			2	3	3	4	5	6	7	8	10	11	14	15	21	22																				
L	300							0	1					1	2			2	3	3	4	5	6	7	8	10	11	14	15	21	22																						
M	315					0	1					1	2			2	3	3	4	5	6	7	8	10	11	14	15	21	22																								
N	500			0	1					1	2			2	3	3	4	5	6	7	8	10	11	14	15	21	22																										
P	800	0	1					1	2			2	3	3	4	5	6	7	8	10	11	14	15	21	22																													
Q	3250					1	2			2	3	3	4	5	6	7	8	10	11	14	15	21	22																															
R				1	2			2	3	3	4	5	6	7	8	10	11	14	15	21	22																																	

⇩ Use first sampling plan below arrow. If sample size equale or exceeds or batch size: do 100 percent inspection.

⇦ Use first sampling plan above arrow

Ac: Acceptance number

Rej: Relecrnon number

附錄四　χ^2分佈函數表（部份）

Chi-Square Distribution Function			
60% Confidence Level		90% Confidence Level	
No.Fails	χ^2 Quantity	No. Fails	χ^2 Quantity
0	1.833	0	4.605
1	4.045	1	7.779
2	6.211	2	10.645
3	8.351	3	13.362
4	10.473	4	15.987
5	12.584	5	18.549
6	14.685	6	21.064
7	16.780	7	23.542
8	18.868	8	25.989
9	20.951	9	28.412
10	23.031	10	30.813
11	25.106	11	33.196
12	27.179	12	35.563

索 引

國家圖書館出版品預行編目資料

半導體IC產品可靠度：統計、物理與工程／傅寬
裕著.--二版.--臺北市：五南圖書出版股份有
限公司, 2011.05
面；公分

ISBN 978-957-11-6074-0（平裝）

1.積體電路 2.半導體

448.65   99015819

5DB5

半導體IC產業可靠度：
統計、物理與工程(第二版)

編 著 者 ― 傅寬裕(276.5)

發 行 人 ― 楊榮川

總 經 理 ― 楊士清

總 編 輯 ― 楊秀麗

副總編輯 ― 王正華

封面設計 ― 簡愷立

出 版 者 ― 五南圖書出版股份有限公司

地　　址：106台北市大安區和平東路二段339號4樓

電　　話：(02)2705-5066　　傳　　真：(02)2706-6100

網　　址：https://www.wunan.com.tw

電子郵件：wunan@wunan.com.tw

劃撥帳號：01068953

戶　　名：五南圖書出版股份有限公司

法律顧問　林勝安律師

出版日期　2009年6月初版一刷
　　　　　2011年5月二版一刷
　　　　　2024年3月二版六刷

定　　價　新臺幣450元

經典永恆・名著常在

五十週年的獻禮──經典名著文庫

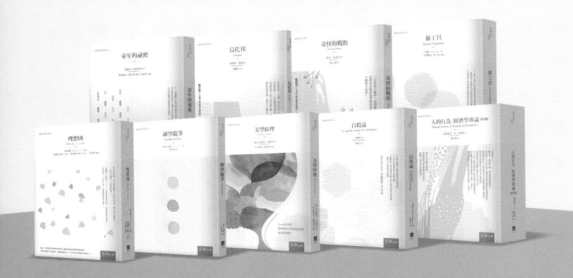

五南，五十年了，半個世紀，人生旅程的一大半，走過來了。

思索著，邁向百年的未來歷程，能為知識界、文化學術界作些什麼？

在速食文化的生態下，有什麼值得讓人雋永品味的？

歷代經典・當今名著，經過時間的洗禮，千錘百鍊，流傳至今，光芒耀人；

不僅使我們能領悟前人的智慧，同時也增深加廣我們思考的深度與視野。

我們決心投入巨資，有計畫的系統梳選，成立「經典名著文庫」，

希望收入古今中外思想性的、充滿睿智與獨見的經典、名著。

這是一項理想性的、永續性的巨大出版工程。

不在意讀者的眾寡，只考慮它的學術價值，力求完整展現先哲思想的軌跡；

為知識界開啟一片智慧之窗，營造一座百花綻放的世界文明公園，

任君遨遊、取菁吸蜜、嘉惠學子！